**Bibliografische Information der Deutschen Nationalbibliothek:**

Die Deutsche Bibliothek verzeichnet diese Publikation in der Deutschen Nationalbibliografie; detaillierte bibliografische Daten sind im Internet über http://dnb.d-nb.de/ abrufbar.



**Impressum:**


Druck und Bindung: Books on Demand GmbH, Norderstedt Germany
ISBN: 9783640615629

**Dieses Buch bei GRIN:**

http://www.grin.com/de/e-book/150238/vom-homo-mensura-satz-bis-zu-bionade

**Vera Fischer**

# Vom "homo-mensura-Satz" bis zu "Bionade"

## Formen des menschlichen Naturverständnis' unter besonderer Berücksichtigung von literarischen Texten

GRIN Verlag

Zweite Staatsprüfung für den höheren Schuldienst an Gymnasien
Staatliches Seminar für Didaktik und Lehrerbildung (Gymnasium) Tübingen

Kurs: 2009/2010
Ausbildungsschule:

# Vom „homo-mensura-Satz“ bis zu „Bionade“

Formen des menschlichen Naturverständnis’
unter besonderer Berücksichtigung von literarischen Texten

Vera Regina Fischer

**Inhaltsverzeichnis**

## VORWORT

In einem Interview für das Magazin „Cicero" gefragt, welchen Begriff von Natur die moderne Gesellschaft habe, antwortete der Philosoph und Schriftsteller Rüdiger Safranski: „Für die Moderne ist Natur etwas, das Risiko und Rendite bringt"[1].
Ich stimme Safranski zu. Die Natur ist einerseits ein Risiko für uns, man denke an den Klimawandel, Naturkatastrophen oder Krankheiten und andererseits wirft sie Rendite ab, seien es Lebensräume, Nahrungsmittel oder medizinische Erkenntnisse. Natürliche Medizin, das ist zwar heute sehr gefragt, aber eine Medizin, die noch intelligenter ist als die Natur selbst, die ist noch mehr gefragt.
Wenn die erste Ausgabe des Spiegels von 2010 titelt: „Die Schöpfung im Labor. Forscher auf der Suche nach der Formel des Lebens."[2] ist dies keine Replik auf einen neuen Kinofilm. Es ist Ausdruck eines neuen Naturverständnis'. Was bislang der Natur und ihren eigenen Gesetzmäßigkeiten überlassen war, nämlich Leben zu stiften, das soll künftig künstlich, in Unabhängigkeit von der Natur vonstatten gehen. Wie die Forschung bereits das Genom entschlüsselt hat, könnte bald die Formel für das Leben insgesamt gefunden sein.
Die Möglichkeiten der modernen Genforschung werden die Zukunft sicherlich verändern. Leben wir zukünftig in einer synthetischen, weil künstlich geschaffenen Welt? Was ist ein sinnvoller Umgang mit der Natur? Ökologischer Landbau als Ausweg aus der Genfalle? Diese und viele andere Fragen beherrschen die aktuellen Meinungsdiskurse.
Wenn die Schule ein Ort sein soll, der sich als Teil der Gesellschaft versteht und nicht isoliert von dieser betrachtet, darf vor allem der Ethikunterricht nicht hinweggehen über diese Fragen. Es liegt vielmehr eine große Chance darin, diese Fragen mit den Schülern[3] auseinanderzusetzen. Sie leben in einer stark technisierten Welt und erleben Natur meistens nur dann, wenn sie nicht den uns gewohnten, sinnhaften Gesetzen gehorcht, wie es in diesen Tagen das dramatische Erdbeben von Haiti deutlich gemacht hat.
Indem sich die Schüler beschäftigen mit dem, wie andere Kulturen zu anderen Zeiten das Verhältnis zwischen Mensch und Natur bestimmt haben, werden sie nicht nur intensiv über Natur nachdenken, sondern vor allem Grundzüge eines historisch gewachsenen Menschenbildes entdecken und kritisch hinterfragen können, ganz im Sinne der Worte Goethes:

„Wer nicht von dreitausend Jahren
sich weiß Rechenschaft zu geben,
bleib im Dunkeln unerfahren,
mag von Tag zu Tage leben."

## SACHANALYSE

### *Natur versus Kultur*

---

[1] **SAFRANSKI, RÜDIGER**: Die Natur bringt uns um. In: http://www.cicero.de/839.php?ausgabe=09/2009
[2] **DER SPIEGEL**. Die Schöpfung im Labor. Forscher auf der Suche nach der Formel des Lebens Heft 1, 2010 (Titel)
[3] Anm.: Der Plural maskulin des Wortes Schüler umfasst auch die weiblichen Schülerinnen.

Bereits die Wortherkunft der Begriffe Natur und Kultur macht ihren semantischen Gegensatz deutlich. Der Begriff Natur leitet sich vom lateinischen Verb nasci – entstehen, geboren werden ab und der Begriff Kultur vom lateinischen Verb colere – bauen, gründen. Während die Natur aktiv aus sich heraus entsteht, ist Kultur ein Bauwerk des Menschen.

„Kultur umfaßt im Unterschied zur gewachsenen Natur den vom Menschen geschaffenen Lebensraum."

„Natur [hingegen] wird [verstanden] als die Gesamtheit aller beobachtbaren, nicht von Menschen hergestellten, sondern gewachsenen, anorganischen und organischen, pflanzlichen und tierischen Gegebenheiten."[4]

Wichtig ist jedoch zu betonen, dass jede Kultur wiederum einen eigenen Naturbegriff prägt, wenn dieser auch innerhalb einer Kultur kontrovers sein kann. Ebenso verhält es sich mit dem Kulturbegriff, der, wenn er die „Gesamtheit der geistigen und künstlerischen Lebensäußerungen einer Gemeinschaft, eines Volkes" (DUDEN - Fremdwörterbuch) bezeichnet, intrakulturell verschieden sein muss. Hinzu kommt die historische Dimension der Begriffe, so haben Natur und Kultur in unterschiedlichen Zeiten unterschiedliche Konnotationen.

Im Folgenden soll daher ein Überblick gegeben werden, welches Naturverständnis die europäische Kultur in der Zeit der Antike, der Klassik, der Romantik und der Moderne geprägt hat und prägt. Es versteht sich von selbst, dass im gegebenen Rahmen nur die groben Entwicklungen im Allgemeinen nachgezeichnet werden können. Ebenso können die Quelltexte, die im Unterricht herangezogen werden, um das jeweilige Naturverständnis deutlich zu machen, nur unter ausgewählten Gesichtspunkten betrachtet werden.

### *Antikes Naturverständnis – Sophokles' Antigone*

Ἓν καὶ Πᾶν (Hen kai pan) zu Deutsch „Alleinheit" oder „Ein und Alles" – drei Worte, die das Welt- und damit verbunden auch das Naturverständnis der griechischen Antike gut zum Ausdruck bringen. Im Denken der antiken Griechen galt der Kosmos (Weltordnung) als eine die Natur und den Menschen umfassende Einheit. Der Mensch galt daher als Teil des Kosmos ebenso wie die Physis (Natur). Die so genannten Naturphilosophen leiteten aus diesem Weltverständnis ihre Urstofftheorien ab, mit denen sie versuchten das Eine in Allem zu bestimmen, sprich den einen Urstoff als das bestimmende Prinzip des einen Kosmos. Für Thales von Milet (um 625 bis 545 v. Chr.) war dieser Urstoff das Wasser, für Anaximenes (585 – 525 v. Chr.) die Luft, für Demokrit (ca. 460 bis 370 v. Chr.) war es das Atom. Demokrit nahm an, dass der Kosmos aus unendlich vielen Atomen, unteilbaren Teilchen, bestünde, die in ihren Wechselwirkungen die Veränderungen des Kosmos verursachen würden.

Die ionische Naturphilosophie wird nicht umsonst als die Wiege der griechischen Philosophie bezeichnet. Was hier mit der Suche nach einer Erklärung für die Alleinheit des Kosmos beginnt, entspricht dem, was sehr viel später als Metaphysik bezeichnet wird. Wenn Thales, Anaximenes etc. den einen Urstoff bestimmen, bestimmen sie nicht nur einen physikalischen Stoff, sondern auch metaphysische Größen wie den Geist oder das Sein. Ebenso wie das griechische Welt- und Naturverständnis war auch die erste philosophische Bewegung der Griechen ganzheitlich: Alles sei eins uns stamme aus einem Urgrund.[5]

---

[4] **HÖFFE, OTFRIED** u.a. (Hrsg.).Lexikon der Ethik. –München: 1992, S.152, S.194

[5] Vgl. **HIRSCHBERGER, JOHANNES**. Geschichte der Philosophie Band I. Altertum und Mittelalter. Frankfurt am Main 1980, S.17-38

Zu diesem Welt- und Naturverständnis passt das Gottesverständnis der antiken Griechen. Ebenso wie die Menschen sind auch die Götter nach griechischer Auffassung Teil des Kosmos und dürfen nicht, wie aus moderner, monotheistisch geprägter Sicht als übernatürliche, zeitlose Wesen angesehen werden. Wenn nun aber in der Optik der Griechen keine Trennung zwischen dem Kosmischen einerseits und dem Göttlichen andererseits zu ziehen ist, bedeutet dies, dass letztlich der ganze Kosmos wie ein Pantheon (Tempel für die Gesamtheit aller Götter) verstanden muss und dass in allem Physischen auch Göttliches verehrt wird. Die Aufwertung der Physis im Pantheismus der Griechen gegenüber dem Naturverständnis der säkularen Moderne liegt auf der Hand. Wenn die Götter als Unsterbliche (athanoi), Glückselige (makares), Mächtige (kreittous) verstanden werden, die in und an allem wirken, ergibt sich daraus ganz selbstverständlich ein ehrfuchtsvoller Umgang mit dem Kosmos und damit mit der Physis.[6] Die Götter als für den sterblichen, mangelhaften Menschen als unerreichbare Autoritäten verstanden, gilt es zu ehren, zu achten und in keiner Weise zu provozieren. Doch der Mensch wäre nicht Mensch, wenn er diese Provokation nicht wagen würde, um seine Macht gegenüber der der Götter zu behaupten.
Das antike Drama „Antigone" des Dichters Sophokles stellt diesen Urkonflikt zwischen göttlicher und menschlicher Macht ins Zentrum einer Geschichte um Pflicht und Ehre. Antigone, die Tochter des Ödipus und der lokaste widersetzt sich dem Willen des Königs Kreon, der eine Bestattung ihres Bruders Polyneikes wegen Vaterlandverrats verwehrt hatte, und verliert dadurch ihr Leben. Indem Antigone den Bruder aus Pflicht gegenüber den Göttern bestattet, bricht sie mit Kreons Gesetz und verletzt dessen Ehre. Bestattet sie ihren Bruder nicht, bricht sie mit dem Gebot der Götter und verletzt deren Ehre. Dieses Dilemma kann nicht rational gelöst werden und so nimmt Antigone ihr Todesurteil an und wählt den Tod als Ausweg.
Mit ihr gehen auch Haimon, Kreons Sohn und Antigones Verlobter sowie Kreons Frau Eurydike den Weg des Todes.
Der Chor, auf dessen Funktion insgesamt an dieser Stelle nicht weiter eingegangen werden kann, ahnt diese Konsequenzen und mahnt davor, die Götter zu provozieren. Das erste Standlied des Chores gilt nicht nur aufgrund seiner feinen sprachlichen Tektonik als ein Meisterwerk der Weltliteratur. Wie kaum ein anderer zeigt dieser Text, wie eng Macht und Ohnmacht des Menschen beieinander liegen.

### *Klassischer Geniegedanke – Goethes Faust. Der Tragödie zweiter Teil*

Der Begriff Genie leitet sich ab vom lateinischen Substantiv genius – der „Erzeuger als Symbol des männl. Samens, dann die Verkörperung männl. Kraft."[7] oder vom lateinischen Substantiv ingenium – Scharfsinn, Begabung.
Genialität, Männlichkeit, Potenz, Talent. Diese vier Begriffe stehen in einem engen Zusammenhang. Das Genie der Klassik vereinte diese Attribute und nahm die Gestalt eines gottähnlichen Wesens, Goethes Prometheus Entwurf oder die eines Universalgelehrten, Humboldts Wissenschaftsideal, an. Auch Goethes Faust II greift den Geniekult auf, wobei er hier weniger radikal inszeniert wird.
Während Faust I das „Individuum Faust" als Menschen mit Gefühl und Verstand in den Mittelpunkt rückt, entwirft Faust II das Bild einer „Gesellschaft Faust". Während

[6] Vgl. **VERNANT, JEAN-PIERRE**: Der Mensch der griechischen Antike. –Frankfurt/M 1996 ohne Seitenangabe. Zit. n. **DIEKHANS, JOHANNES**: EinFach Deutsch. Sophokles, Anouillh, Brecht u.A. Antigone in Vergangenheit und Gegenwart. –Braunschweig, Paderborn, Darmstadt 2005 S. 55ff
[7] **PONS** Wörterbuch für Schule und Studium: Globalwörterbuch: Lateinisch-Deutsch .-Stuttgart; Düsseldorf; Leipzig: Klett 1998, S.424

Faust im ersten Teil noch als „armer Tor“ gezeigt wird, der an den Grenzen des Menschenmöglichen zu zerbrechen scheint, tritt Faust im zweiten Teil ganz im Sinne des klassischen Genies als vielseitiger Künstler auf.

„Im Unterschied zu *Faust I*, dessen Geschehen im Bürgerlich-Beschränkten und im Subjektiv-Individuellen angesiedelt ist, erhält der *Faust II* sein Gepräge durch die große Welt und das Gesellschaftlich-Allgemeine.“[8]

Der zweite Teil der Tragödie liest sich daher mehr wie ein Text über den Typus Mensch, denn wie ein Text über den Menschen in Gestalt des Individuums Faust.

„Der umfassenden geschichtlichen Reflexion des modernen Zivilisationsprozesses entsprechend, repräsentiert Faust selbstbestimmte moderne Grundhaltungen. Er ist weniger Individuum als Rolle.“[9]

In der Laboratoriumsszene schlüpft Wagner ebenfalls in eine solche, allgemeingültige Rolle. Nicht das Individuum Wagner erschafft den Homunculus, sondern der Typus des modernen Menschen in Gestalt des Wagner. Dass jener Homunculus, geschaffen, um ein Abbild des perfekten Menschen zu sein, schließlich seinen menschlichen Schöpfer als „Väterchen“ tituliert und in seine Schranken zurückweist („Was künstlich ist, verlangt geschlossnen Raum“ V. 6683f), macht einmal mehr deutlich, welches ironische Potential der Text birgt. Bei aller genialischen Kunstfertigkeit des Menschen, so kunstfertig wie der wahre Künstler wird er nie sein.

### *Romantisches Naturverständnis – Naturlyrik der Romantik*

Verfolgt man die Etymologie des Begriffs Romantik, stellen sich zunächst keine Verbindungen zur Gattung der Lyrik her. Romantik geht zurück auf das altfranzösische Wort „romanz“, das die romanische Volkssprache im Gegensatz zur Gelehrtensprache Latein bezeichnet. Literarische Texte, die in jener romanischen Volkssprache geschrieben wurden, nannten sich „romance“. Aus „romance“ entwickelte sich später der Begriff Roman. Etymologisch verbindet sich daher der Begriff Romantik mit der Epik und nicht mit der Lyrik.
Semantisch ist das Adjektiv „romantisch“, was erstmals 1650 von Thomas Bailey („romantick“) im Sinne von romanhaft, erdichtet, abenteuerlich, phantasievoll, unrealistisch gebraucht wird, bereits von Anbeginn mit der Vorstellung einer erhabenen Natur verknüpft.[10]

> „Schon im 17. Jahrhundert verwendet man den Ausdruck „romantisch“ zur Charakteristik von Landschaftsgemälden [...], um deren Wirkung auf die Gefühle der Betrachter zu bezeichnen. Teilweise werden im folgenden das „Romantische“ und das „Malerische“ sogar zu Synonymen.“[11]

In der Romantik kommen somit die Poesie, das Romanhafte, Erdichtete sowie die Kunst, das Malerische, Künstlerische in einzigartiger Weise zusammen. Die Rolle der Natur in diesem Zusammenspiel könnte man beschreiben als die Ideengeberin, als den inspirierenden Geist.

---

[8] **SCHMIDT, JOCHEN**: Goethes Faust. Erster und Zweiter Teil. Grundlagen – Werk – Wirkung. – München 1999, S 213
[9] Ebd. S.218
[10] Vgl. **SCHMITZ, EMANS, MONIKA**: Einführung in die Literatur der Romantik. In: **GRIMM, GUNTER E., BOGDAL, KLAUS-MICHAEL (Hrsg.)**:Einführungen Germanistik. –Darmstadt 2004 S.8
[11] Ebd. S. 8

Für die Romantiker war die Natur ein Buch und ihre Sprache eine chiffrenhafte Geheimsprache. Für sie war die Natur mehr als ein nutzbarer Lebensraum, sie war ein geheimnisvoller Ort, den es zu entziffern galt.

> „Die Natur präsentiere sich dem Leser als ein Gedicht in „Bruchstücke(n) eines großen untergegangen Dichters“ […], so Friedrich Schlegel […].[12]

Romantische Naturlyrik darf daher nicht missverstanden werden als deskriptive Dichtung über Natur, sondern als experimentelle Dichtung, die der Überzeugung Rechnung trägt, dass die Natur selbst als poetisches Kunstwerk verstanden werden muss. Nur so sind auch die von den Romantikern geprägten Topoi von der Weltschriftmetaphorik oder dem Weltbuch zu verstehen.

Dieses ganzheitliche Naturverständnis' der Romantik, als literarische Epoche grob eingegrenzt zwischen 1790 und 1840, spiegelt auch die Philosophie der Zeit im Besonderen die Philosophie des deutschen Idealismus wieder. In der Nachfolge Kants entwickelt beispielsweise Schelling seine Theorie des Absoluten und Fichte die Vorstellung eines weltsetzenden Ichs. Während Schelling versucht, das Weltganze als eine Einheit von Einheit und Differenz zu bestimmen, vergleichbar der cusanischen Vorstellung einer „coincidentia oppositorum“, einem Ineinsfallen aller Gegensätze, definiert Fichte das Ich als die maßgebende Größe des Weltganzen.

Literaturgeschichtlich gilt die Romantik als Gegenbewegung zur Klassik. Die Formideale der Klassik transformieren in eine, wie Friedrich Schlegel es nannte, „progressive Universalpoesie.“ Universal ist die romantische Poesie nicht zuletzt, weil sie die verschiedenen literarischen Gattungen zu synthetisieren versucht, progressiv wird sie aufgrund des Anspruchs, die Gesellschaft poetisieren zu wollen.

Die Lyrik der Romantiker, insbesondere die Naturlyrik, beispielsweise von Eichendorff oder Brentano, kann daher als Zeugnis dieser Universalpoesie gelesen werden.

### *Der „homo mensura Satz“ des Protagaros*

Protagoras (490 – 411 v. Chr.) zählt philosophiegeschichtlich zu den Sophisten. Die Lehre des Protagoras ist uns nur über Berichte in verschiedenen antiken Quellen überliefert, so zum Beispiel in einem Bericht des Sextus Empiricus oder in Platons Dialogen Theätet bzw. Protagoras.

Protagoras' Auffassung nach gibt es keine allgemeingültigen, objektiven Wahrheiten, sondern die Wahrheit hängt einzig vom Subjekt ab. Die Konsequenz einer solchen These ist ein radikaler Relativismus, demnach der Mensch als Maß aller Dinge entscheidet, was seiend ist und was nicht. Dieser nur in einem Fragment überlieferte so genannte „homo-mensura Satz“: „Der Mensch ist das Maß aller Dinge, der seienden, dass sie sind, der nicht seienden, dass sie nicht sind.“ hat von je her für Provokationen gesorgt. Auch Sokrates macht sich dieses Potential zu Nutze, indem er Theaitetos im gleichnamigen Dialog mit der protagoreischen These konfrontiert, damit dieser davon ausgehend prüfe, inwiefern Wissen mit Wahrnehmung gleichzusetzen sei. Rasch erkennt Theaitetos, dass der homo-mensura-Satz seine These nicht stützen kann. Denn, wenn der Mensch das Maß aller Dinge sei und damit auch das Maß dessen, was Wissen genannt werden könne, so müssten auch jene wahr sprechen, die den homo-mensura-Satz leugneten (vgl. Platon.Theaitetos 171b).

Die protagoreische Überzeugung heranzuziehen, mit dem Ziel, Wahrheit zu bestimmen, scheint somit zumindest auf logischer Ebene nicht möglich.

[12] Ebd. S. 60

## *Modernes Naturverständnis – Genforschung und Ökologie*

„Homo Faber" – Der Mensch als Handwerker, so hat Max Frisch seinen als „Bericht" ausgewiesenen Roman von 1957 betitelt. Wie ließe sich der moderne Mensch besser charakterisieren als ein Handwerker. Er ist, wie seit Beginn der Menschheit, auf seinen Körper zwar angewiesen, muss seine Hände ins Werk setzen, doch was er mit seinen Händen alles wirken kann, das scheint vor allem in der heutigen Zeit ins Unermessliche zu gehen. Der Homo Faber des 20. und des 21. Jahrhunderts baut sich seine eigene Wirklichkeit; die von ihm erfundene Technik ist sein Baumaterial, die Natur seine Baustelle. Ein anschauliches Beispiel dafür, wie weit moderne Fabrikation gehen kann, gibt die moderne Gentechnik.[13] Sei es die Pränatal- sowie die Präimplantationsdiagnostik, die Stammzellenforschung sowohl adulter als auch embryonaler Stammzellen, das Klonen oder die so genannte synthetische Biologie[14], die es sich zum Ziel gemacht hat, biologische Systeme (Moleküle, Zellen, Organismen) künstlich zu „designen", wie es in der Fachsprache heißt.[15] Gemeinsam ist all diesen Formen moderner Gentechnik der Anspruch, mindestens genauso gut, wenn nicht noch besser, effizienter und zuverlässiger als die Natur zu sein.
Doch dies ist nur ein Blick auf das moderne Naturverständnis. Eine andere Perspektive eröffnet sich, wenn man die vom modernen Menschen gewünschten Lebensbedingungen in den Blick nimmt: Mobilität, Flexibilität, Globalisierung, Konsum- und Profitgesellschaft. Zwar sind dies nur Schlaglichter, die, wenn überhaupt, nur einen groben Überblick aufzeigen können, dennoch lässt sich die These vertreten, dass unter all den Bedingungen, die die moderne Welt erfüllen muss, der Raum einer intakten Natur immer kleiner wird. Der so genannte Klimawandel könnte eine Reaktion der Natur auf das sein, was die modernen Handwerker aus und mit ihr gemacht haben. Wenn der letzte Weltklimagipfel in Kopenhagen auch nur bedingt sein Ziel erreicht hat, zeichnet sich dennoch ab, dass der moderne Mensch, wenn er sich denn überhaupt so typisieren lässt, trotz aller Machbarkeitsvorstellungen immer mehr ein Bedürfnis nach einer intakten Natur entwickelt. Ob der gesteigerte Absatz von Bioprodukten oder die freiwillige „Co2 –Spende"[16] bei Flugreisen Ausdruck einer solchen Rückbesinnung sind, wage ich nicht zu behaupten. Nicht zu leugnen ist jedoch, dass Natur und der Umgang mit ihr, auch als Lebensraum des modernen Menschen, wieder intensiv diskutiert wird.

---

[13] Anm.: Eine breitgefächerte Übersicht der Möglichkeiten moderner Genforschung im Hinblick auf Kontroversen, die diesbezüglich geführt werden, liefert: **DROSTE, EDITH; BEER, WOLFGANG**: Biopolitik im Diskurs. Argumente, Fragen, Perspektiven. –Bonn 2006

[14] „Synthetische Biologie - Leben aus dem Lego-Baukasten

[15] Vgl. http://www.geneart.com – In Regensburg ansässige Firma die künstlich Gene produziert, die zu Forschungs- und Versuchszwecken bestellt werden können; vgl. auch

[16] Vgl. http://www.myclimate.org – Auf dieser Internetseite können gegen Geldbeträge CO2 Emissionen kompensiert werden, dadurch dass diese Gelder in regenerative Projekte zurückfließen.

## DIDAKTISCHE ANALYSE

### *Bedingungsanalyse*

Der Ethikkurs der Jahrgangsstufe 11 setzt sich aus insgesamt 19 Schülern zusammen, acht Jungen und elf Mädchen. Nur fünf Schüler führen Ethik als Ersatzfach nach Klasse 10 fort, die restlichen vierzehn Schüler haben sich in diesem Schuljahr erstmalig entschieden Ethik als Ersatz für Religion zu wählen. Für diese Schüler sind daher der Ansatz des Ethikunterrichts sowie die darin eingesetzten Methoden noch unbekannt, was von mir, so gut es ging, berücksichtigt wurde.
Neun Schüler haben den an unserer Schule angebotenen so genannten „naturwissenschaftlichen Zug“ gewählt, das heißt, sie genießen seit Klasse acht einen verstärkten Unterricht in den naturwissenschaftlichen Fächern. Das Wissen und die Interessen der Schüler für die Fächer Biologie, Chemie, Physik sowie NWT hat meinen Unterricht, so denke ich, immer wieder positiv beeinflusst, da die Schüler mit einigen Themen, z.B. den Problemen der Genforschung bereits vertraut waren.
Seit diesem Schuljahr wird in unserer Schule nach dem Doppelstundensystem unterrichtet, das heißt, bis auf wenige Ausnahmen sieht der Stundenplan keine Einzelstunden mehr vor, stattdessen erfolgt der Unterricht nun im 90-Minutentakt, wobei zumindest im Vormittag nach jeder Doppelstunde eine 20-minütige Pause erfolgt.
Der Unterrichtszeit des Ethikkurses der Jahrgangsstufe 11 findet donnerstags nachmittags im Zeitraum von 15:15 bis 16:45 statt. Über die Hälfte der Schüler hat zuvor bereits Nachmittagsunterricht. Noch ist der Nachmittagsunterricht nicht optimal auf die gegebenen Buspläne der örtlichen Busunternehmen abgestimmt, daher mussten die Pausen im Nachmittag deutlich verkürzt werden. Für einige der Schüler bedeutet dies, dass sie vor dem Ethikunterricht bereits 90 Minuten Unterricht haben und nach einer fünfminütigen Pause ihren Nachmittagsunterricht fortsetzen.
Die Tatsache, dass der Unterricht am Nachmittag und unter den gegebenen Bedingungen stattfindet, wirkt sich selbstverständlich auch auf die Qualität des Unterrichts aus. Einige Schüler sind sehr erholt, da sie im Vorfeld eine längere Pause genießen konnten, andere, vor allem diejenigen, die unmittelbar aus einem anderen Fachunterricht in den Ethikunterricht kommen, zeigen zum Teil Müdigkeit oder ein gesteigertes Redebedürfnis.
Zum Verhalten der Schüler insgesamt ist zu sagen, dass sie ein großes Interesse an den Fragen und Themen des Ethikunterrichts zeigen, wobei es ihnen mitunter noch schwer fällt, sich offen untereinander auszutauschen. Aus diesem Grund ist die Beteiligung an Diskussionen zum Teil noch etwas zaghaft, was jedoch durch die hohe Produktivität bei schriftlichen Arbeiten ausgeglichen wird. Ich denke, da die Schüler aus unterschiedlichen Kursen kommen und sich zum Teil nur wenig oder sogar gar nicht kennen, ist ihr zurückhaltendes Verhalten ganz natürlich und wird sich hoffentlich im Laufe des Schuljahres positiv weiterentwickeln. Problematisch waren zu Beginn vier Schülerinnen, die durch anhaltendes Schwätzen den Unterricht störten. Daher habe ich seit der zweiten Doppelstunde das Ritual eingeführt, dass die Schüler, sobald sie im Klassenraum sind, die Arbeitstische in eine Hufeisenform stellen. So können sich nun alle Schüler besser sehen und vor allem die „Schwätzerinnen“ sind im Visier ihrer Kollegen. Bislang hat sich diese Maßnahme als positiv erwiesen.
Der Leistungsstand der Schüler liegt im befriedigenden bis guten Bereich. Die Schüler sind den Aufgaben stets gewachsen und zeigen, dass sie kritisch an problematische Fragestellungen herangehen können. Oftmals erreichen sie jedoch noch nicht das gewünschte Abstraktionsniveau und argumentieren mehr mit Allgemeinplätzen,

denn mit kritisch geprüften Argumenten. Ich hoffe diese Reflexions- und Argumentationsfähigkeit er Schüler im Laufe des Schuljahres weiter ausbauen zu können.

### *Bezug zum Bildungsplan*

Für die Jahrgangstufe 11 ist aktuell noch der Bildungsplan von 1994 gültig. Von den vier Lehrplaneinheiten, die darin aufgeführt werden, unterteilt sich die erste Lehrplaneinheit mit dem Titel „Natur und Mensch" in zwei Teile. Einerseits sollen die Begründungsansätze und Konsequenzen ökologischer Ethik unterrichtet, andererseits Themen wie „Der Mensch in der Natur" sowie „Das Naturverständnis verschiedener Epochen und Kulturen" behandelt werden. Fragen wie: „Was ist Natur?" oder „Was unterscheidet das christlich religiöse Verhältnis zur Natur von dem eines Philosophen wie Rousseau oder gar der indianischen Kultur?" [17] können, so ist den Anregungen im Bildungsplan zu entnehmen, das Unterrichtsgeschehen leiten. Im neuen Bildungsplan von 2004 fällt dieser Themenkomplex weg. Hier ist für Klasse 10 unter Punkt 3: Problemfelder der Moral- Natur und Mensch vorgesehen, dass die Schüler die Begriffe Natur und Kultur unterscheiden sowie anthropozentrische und physiozentrische Einstellungen zur Natur gegeneinander abgrenzen können[18]. Im Folgenden möchte ich erläutern, warum es dennoch sinnvoll ist, im Zusammenhang mit den Umweltethiken auf allgemeiner Ebene das Verhältnis zwischen Mensch und Natur zu thematisieren, wie es der alte Bildungsplan verlangt.

### *Relevanz der Thematik*

Der Bildungsplan verlangt, dass die Schüler im Fach Ethik auf der Jahrgangsstufe 11 verschiedene umweltethische Ansätze (anthropozentrisch, biozentrisch, pathozentrisch, holistisch) kennenlernen und voneinander unterscheiden und kritisch bewerten können. Um dies leisten zu können und zu fruchtbaren Ergebnissen zu gelangen, ist es nicht nur sinnvoll, sondern auch zuvörderst geboten gemeinsam mit den Schülern vorab die Frage zu klären: „Was ist überhaupt Natur?"
Mit dieser globalen Frage gehen weitere, vielfältige Fragen einher, so zum Beispiel: „In welchem Verhältnis steht der Mensch zur Natur?"; „Welche Möglichkeiten sind dem Menschen, welche der Natur gegeben?"; „Gibt es einen sinnvollen Umgang mit der Natur und wenn ja, welchen?"
In der von mir geplanten Unterrichtseinheit sollen die Schüler Gelegenheit bekommen, Antworten auf derartige Fragen zu finden. Das Unterrichtsvorhaben dient gewissermaßen als Vorbereitung für die im Anschluss folgende Auseinandersetzung mit den verschiedenen so genannten „Umweltethiken". Darüber hinaus mag eine Auseinandersetzung mit der Frage, was Natur den Menschen in verschiedenen Zeiten bedeutet hat und heute noch bedeutet, den Schülern helfen, eine eigene, kritische Position auch zu aktuellen Umweltproblemen, wie beispielsweise dem Klimawandel zu beziehen.
Die persönliche Erfahrung der Schüler mit der Natur soll im Zentrum des Unterrichts stehen. Indem sie sich persönlich angesprochen fühlen, mögen sie nicht nur motivierter an die Unterrichtsgegenstände herantreten, sondern auch nachhaltiger von der Auseinandersetzung profitieren.

---

[17] Bildungsplan 1994. Allgemeinbildendes Gymnasium (Hrsg.: Ministerium für Kultus, Jugend und Sport). –Stuttgart 1994, S. 586 – Im Folgenden abgekürzt BP 1994

[18] Vgl. Bildungsplan 2004. Allgemeinbildendes Gymnasium (Hrsg.: Ministerium für Kultus, Jugend und Sport). –Stuttgart 2004, S. S. 67-70 - Im Folgenden abgekürzt BP 2004

### *Hauptlernziele und Kompetenzerwerb*

**Kernziele:**

- *Die Schüler erkennen* in der Auseinandersetzung mit historischen Naturvorstellungen das wechselseitige Verhältnis zwischen Natur und Mensch, wobei ihnen deutlich wird, dass der Mensch als Teil der Natur trotz aller Macht ohnmächtig bleibt gegenüber der Macht der Natur.
- *Die Schüler setzen sich kritisch* mit dem Naturverständnis der modernen Gesellschaft sowie ihrem persönlichen Naturverständnis *auseinander* und sind in der Lage, ihre Ergebnisse in kreativer Form zu dokumentieren.

**Kernkompetenzen:**

Die Schüler können Probleme und Konflikte der Zukunft extrapolieren.
Die Schüler sind in der Lage mithilfe von Gedankenexperimenten komplexe Sachverhalte zu erfassen.
Die Schüler beherrschen Techniken des kreativen Umgangs mit philosophischen Fragestellungen.[19]

## METHODISCHE ANALYSE

### *Zum Einsatz von literarischen Texten im Ethikunterricht*

Literarische Texte haben neben ihrem künstlerischen Eigenwert immer auch einen kulturellen Wert. Wenn Literatur auch nicht in reiner Gesellschaftskritik aufgeht, so hat doch ein Großteil literarischer Texte, sowohl in der Lyrik als auch in der Dramatik und in der Prosa zumindest einen gesellschaftskritischen Impetus. Vor diesem Hintergrund kann es lohnen, Literatur zu nutzen, um gesellschaftliche Probleme und Fragestellungen zu erschließen. Die oftmals mithilfe von stilistischen Mitteln bildhafte, pointierte und daher stets mehrdeutige Sprache, bietet im Gegensatz zum Sprachduktus philosophischer Texte einen sinnlicheren und individuelleren Zugang. Dieser Umstand kommt besonders Schülern zugute, die sich oftmals allein aufgrund des trockenen Sprachstils vieler Philosophen nicht auf die Probleme hinter den Texten einlassen wollen.
Wie aber kann Literatur konkret den Ethikunterricht bereichern?
Literarische Texte im Ethikunterricht einzusetzen bedeutet, ausgehend von Texten der deutschen oder internationalen Weltliteratur, ein Gespräch über ein aus ethischer Sicht relevantes Thema zu gewinnen und kritisch zu reflektieren. Dieser Umgang mit Literatur ist nicht zu verwechseln mit dem von Helmut Engels vorgeschlagenen Verfahren des literarischen Philosophierens. Hier ist der Ansatz Schüler zu ethisch, philosophisch relevanten Themen literarische Produkte anfertigen zu lassen. Die Schüler sollen auf diese Weise im literarischen Vollzug einen theoretischen Sachverhalt analysieren oder evaluieren.[20]
Hinsichtlich der Fragen, inwiefern sich literarisch philosophieren lässt oder ob Philosophie selbst literarisch ist, gibt es eine Reihe von Publikationen[21]. Zur Frage, inwiefern literarische Texte sinnvoll sind, um ethische Probleme zu reflektieren, ist die Publikationslage schwach.[22] Die Tatsache jedoch, dass in nahezu allen Ethik- wie

---

[19] Vgl. BP 2004 S. 73
[20] Vgl. **ENGELS; HELMUT**: Literarisches Philosophieren. In: Ethik & Unterricht Nr.1/03, S.16 - 23
[21] Vgl. z.B. **NAUMANN, BARBARA; FABER, RICHARD** (Hrsg.): Literarische Philosophie – Philosophische Literatur. –Würzburg 1999
[22] Vgl. **ZDPE (Zeitschrift für Didaktik der Philosophie und Ethik)**. Literatur. Heft 3 1988

auch Philosophiebüchern literarische Texte eingesetzt werden, seien es Gedichte, Romanauszüge oder Kurzgeschichten, stützt die These, dass es eine Tradition gibt, Literatur für den Ethikunterricht fruchtbar zu machen. Ich möchte diese Tradition gerne an einem konkreten Schulbuch deutlich machen. Das Buch heißt „Ethik 11. Handeln und Verantworten" und ist erschienen im Konkordia Verlag, 1. Auflage 1997. Dieses Ethikbuch wird an meiner Schule noch für die Jahrgangsstufe 11 (G9) eingesetzt.[23]

Die Kapitel des Buches orientieren sich eins zu eins an den gemäß Bildungsplan von 1994 festgeschriebenen Themengebieten. So entspricht die Anordnung der Themen im Buch der Anordnung der Themen im Bildungsplan. Nachdem zunächst das Thema „Natur und Mensch" präsentiert wird, behandelt das Buch anschließend die Themen „Gewalt und Gewaltlosigkeit", „Philosophische Begründungsansätze von Ethik", „Buddhismus" und das als Zusatzoption ausgewiesene Thema „Einander verstehen: Weltdeutung und Menschenbild." Dem schließt sich dann noch ein weiteres Zusatzthema an: „Humanität und Tugenden." Im Folgenden möchte ich kurz darauf eingehen, wie das erste Kapitel „Natur und Mensch" in diesem Buch konzipiert ist und inwiefern es literarische Texte integriert.

Nach einer Erzählung von Salomon Gessner „Der Wunsch" und einem Bildgedicht von Joe Miller über den Wert der Natur sowie einigen Bildimpulsen, die verschiedene Natursituationen zeigen, beginnt die Sequenz zum Naturverständnis unterschiedlicher Epochen und Kulturen mit einem Gedichtvergleich zwischen Ludwig Höltys „Mainacht" und Wolf Biermanns „Nachtigall in Hannover". Noch bevor die Schüler mit den Informationstexten zum Naturbegriff in den unterschiedlichen Epochen konfrontiert werden, lädt sie der Arbeitsimpuls unter den Gedichten ein, die verschiedenen Formen des Naturverständnis' zunächst zu beschreiben, um im zweiten Schritt, eine persönliche Favorisierung zu begründen. Die Sprache der Dichtung soll bei den Schülern zunächst einen Gefühlseindruck hinterlassen, ebenso wie die Naturfotos die Schüler fühlend zum Denken bringen sollen. Die Unterschiede zwischen den beiden Gedichten im Hinblick auf ihre formale Struktur unterstreichen den kontrastiven Eindruck, der bei den Schülern ausgelöst wird. Dass das Buch einen Akzent auf das moderne Naturverständnis setzen möchte, ist daran zu erkennen, dass am Ende des Kapitels abermals ein moderner, literarischer Text aufgeführt wird. Diesmal handelt es sich um den Text „Die letzten Tage der Schöpfung" des Theologen Jörg Zink. In Anlehnung an den Schöpfungsbericht vergleicht Zink in ironischer Weise den Umgang des modernen Menschen mit seiner Natur mit dem Umgang des Schöpfers und seiner Schöpfung.

Zusammenfassend lässt sich sagen, dass die literarischen Texte in diesem Kapitel einerseits dazu dienen, für das Thema zu sensibilisieren, andererseits hat vor allem der Text von Zink stark problematisierende Funktion, wirft er in seiner Radikalität doch die Frage auf, ob eine zu düstere Sicht auf das moderne Mensch-Natur-Verhältnis nicht übertrieben sei.

Ich werde in meiner Unterrichtseinheit die literarischen Texte ähnlich einsetzen, sei es als sensibilisierende Einstiegsimpulse oder als Anregung für eine problemorientierte Diskussion. Zudem möchte ich die Texte nutzen, vor allem das 1. Standlied des Chores aber auch die Laboratoriumsszene in Goethes Faust, um die Beziehung zwischen Natur und Kultur deutlich zu machen. Beide Texte, sowohl die sophokleische Antigone als auch Goethes Faust sind bei aller literarischen Freiheit schließlich auch Zeugnisse ihrer Zeit und müssen als solche interpretiert werden.

[23] Vgl. **BLEIER, RUDOLF; HERRMANN, HARALD u. A. (Hrsg.)**: Ethik 11. Handeln und Verantworten. –Bühl 1997

### *Philosophische Methoden nach Ekkehard Martens*

Ekkehard Martens unterscheidet in seinem Werk "Methodik des Ethik- und Philosophieunterrichts: Philosophieren als elementare Kulturtechnik" fünf verschiedene so genannte philosophische Methoden. Die Methoden werden seinerseits deswegen als philosophische Methoden charakterisiert, weil nach Martens jeder Methode eine philosophische Denkrichtung zugeordnet werden kann. So unterscheidet Martens zwischen der phänomenologischen, hermeneutischen, analytischen, dialektischen so wie der spekulativen Methode.

*Phänomenologisches Arbeiten* im Philosophie- und Ethikunterricht setzt bei der Wahrnehmung der Schüler an. Die Schüler sollen bei diesem Verfahren ihre unmittelbaren Eindrücke, Vorkenntnisse, Assoziationen einsetzen, um ein philosophisches Problem zu erfassen.

Bei der *hermeneutischen Methode* werden klassische Texte zugrunde gelegt, die dann vom Schüler vermittels seiner kognitiven Fähigkeiten im Hinblick auf ihre Aussage untersucht werden. In diesem Zusammenhang dient der hermeneutische Zirkel als eine strukturierende, analytische Form der Texterschließung.

Die *analytische Methode* geht vom Sprachvermögen der Schüler aus und kommt immer dann zum Einsatz, wenn Begriffe bestimmt werden müssen oder Argumentationen nachzuvollziehen sind.

Die *dialektische Methode* macht sich das Erkenntnispotential des gesprochenen Wortes zu nutze. Eine mögliche Form solch' dialogisch realisierten Unterrichts könnte, wie Martens vorschlägt, das sokratische Gespräch sein.

Zuletzt, wenn auch nicht im Sinne einer hierarchischen Ordnung zu verstehen, unterscheidet Martens die *spekulative Methode.* Die spekulative Methode geht von einem freien, ungelenkten Geist aus, der sich kreativ bemüht, ein Problem zu lösen, sei es über ein Gedankenexperiment oder Formen des „schreibenden Denkens“ wie beispielsweise das Verfassen eines „Lese- und Arbeitstagebuchs“.

Im Zuge der im Folgenden dokumentierten Unterrichtseinheit kommen verschiedene dieser Methoden zum Einsatz. So werden die Schüler beispielsweise in der ersten Unterrichtsstunde zunächst mit Gegenständen konfrontiert (phänomenologische Methode), was sie zu Spekulation und Assoziation anregen soll (spekulative Methode), bevor sie dann mithilfe einer Mindmap ihre Erkenntnisse weiter analysieren und letztlich fixieren sollen (analytische Methode). Zwar wäre es auch möglich gewesen, einen methodischen Schwerpunkt zu setzen, doch wäre dies zum Einen nicht im Interesse der Schüler zum Anderen wohl auch nicht im Sinne Martens', der ausdrücklich betont, dass die Methoden spiralförmig aufeinander Bezug nehmen und somit nicht isoliert voneinander eingesetzt werden sollen[24]. Indem die Schüler jedoch verstärkt mit künstlerischen, literarischen Texten in Auseinandersetzung treten und auch die stundenübergreifende Hausaufgabe die Kreativität der Schüler bedient, lässt sich sagen, dass die dokumentierte Unterrichtseinheit stärker auf phänomenologische und spekulative Methoden zurückgreift.

[24] **MARTENS, EKKEHARD**. "Methodik des Ethik- und Philosophieunterrichts: Philosophieren als elementare Kulturtechnik". Hannover: Siebert Verlag, 2003

### *Kreative, stundenübergreifende Hausaufgabe*

Die Schüler sollen in der Unterrichtseinheit lernen, dass jede Zeit, aber letztlich auch jeder Mensch ein unterschiedliches Naturverständnis hat. Nicht nur, dass Natur verschieden definiert werden kann. Sie löst auch bei jedem Menschen einen anderen Eindruck, eine andere Wirkung, andere Gefühle aus. Die Unterrichtseinheit soll den Schülern ermöglichen, darüber nachzudenken, was für sie Natur bedeutet, welchen Stellenwert sie für sie hat. Da während der Unterrichtseinheit vor allem Texte aus dem literarischen und damit künstlerischen Bereich zum Einsatz kommen, liegt es aus meiner Sicht nahe, auch den Schülern die Möglichkeit zu geben, auf kreativem, künstlerischem Wege darüber zu reflektieren, welche Bedeutung die Natur für sie hat. Die Aufgabe an die Schüler bestand daher darin, im Verlauf der Unterrichtseinheit entweder eine Bildcollage, ein Gedicht oder Comic anzufertigen, um ihr persönliches Naturverständnis zum Ausdruck zu bringen.

## DOKUMENTATION DER UNTERRICHTSEINHEIT

### *Stoffverteilungsplan (Übersicht)*

| STUNDE | THEMA | MATERIAL |
|---|---|---|
| Erste Doppelstunde | **Natur versus Kultur**<br>*Begriffsbestimmung* | M 1 |
| Zweite Doppelstunde | **Mensch, Mensch, Mensch**<br>*Macht und Ohnmacht des Menschen* | M 2, M3 |
| Dritte Doppelstunde | **Der Mensch als Genius seiner selbst**<br>*Klassisches Genie und moderne Genforschung* | M 4, M 5, M 6 |
| Vierte Doppelstunde | **Im Rausch der Natur**<br>*Ein romantischer Zu"gang" zur Natur – Lerngang entlang der Echaz* | M 7 |
| Fünfte Doppelstunde | **Alles „Bio" oder was?**<br>*Ökologisches Bewusstsein als Marktlücke* | M 8, M 9, M 10 |
| Sechste Doppelstunde | **Präsentation der kreativen Hausaufgabe**<br>*Antike trifft Moderne* | M 11 |

### *Kurzbeschreibung aller Doppelstunden*

#### *1. Doppelstunde: Natur versus Kultur*

**Ziel** dieser ersten, einführenden Doppelstunde ist es, den Schülern ein Bewusstsein für den Unterschied zwischen Natur und Kultur zu schaffen.

*Die Schüler erkennen*, dass die Natur im Gegensatz zur Kultur autopoetisch, das heißt selbst erschaffend ist, während die Kultur eine Schöpfung des Menschen darstellt.
*Die Schüler erkennen*, dass der Mensch und die Natur in einem Abhängigkeitsverhältnis stehen, das sowohl freundschaftlicher als auch feindlicher „Natur“ sein kann.

**Unterrichtsschritte**
Ausgehend von einem Arrangement verschiedener Gegenstände und Symbole (Kulturbeutel, Biomülltüten, elektrische Zahnbürste, Fliegenklatsche, Biosiegel) sammeln die Schüler zunächst Assoziationen und Eindrücke. Im anschließenden Gespräch diskutieren die Schüler den durch das Arrangement aufgeworfenen Kontrast zwischen dem, was der Mensch Natur nennt und dem, was er als Kultur begreift. Die Ergebnisse der Diskussion werden in Form eines Brainstromings vertieft und abschließend mithilfe einer Mindmap gebündelt und systematisiert. Um das Spannungsverhältnis zwischen Mensch und Natur noch stärker zum Ausdruck zu bringen, diskutieren die Schüler im Anschluss, angeregt durch einen Bildimplus (vgl. Anhang M 1), die Frage, ob Mensch und Natur in einem freundschaftlichen oder feindlichen Verhältnis stehen. Die Schüler sammeln Argumente und stellen diese in einer kurzen Debatte gegenseitig vor. Am Ende der Stunde werden die Schüler über den Ablauf der folgenden Unterrichtsstunden informiert, insbesondere über die von Anforderungen an die stundenübergreifende, kreative Hausaufgabe. Zu diesem Zweck hängen im Klassenraum verteilt Karten mit Zitaten aus literarischen Texten, die im Verlauf der nächsten Stunden behandelt werden. Die Schüler sollen diese Zitate zur Kenntnis nehmen und dasjenige, das sie am meisten anspricht, in ihrem Heft notieren und mit persönlichen Assoziationen ergänzen. Diese kreative Übung hat nicht nur zum Ziel, die Schüler inhaltlich auf das neue Thema einzustimmen, sondern soll auch eine Orientierung für die mögliche Umsetzung der kreativen Hausaufgabe sein.

### *2. Doppelstunde: Mensch, Mensch, Mensch*

**Ziel** der zweiten Doppelstunde ist es die Schüler für die Problematik zu sensibilisieren, dass Mensch und Natur in einem ständigen Machtkampf begriffen sind.
*Die Schüler erkennen*, dass der Mensch aufgrund seiner Teilhabe an der Natur begrenzt ist und trotz all seiner Unabhängigkeitsbestrebungen stets in einem Abhängigkeitsverhältnis zur Natur steht.
*Die Schüler erkennen*, dass der Gedanke der menschlichen Hybris, wie er in der Antike diskutiert wurde, auch heute wenig an Aktualität eingebüßt hat.

**Unterrichtsschritte**

Zu Beginn der Stunde führen die Schüler ein Gedankenexperiment durch, indem sie sich fragen: „Was wäre, wenn morgen die Tiere das Sagen hätten?“ Die Ergebnisse dieses Gedankenexperimentes werden an der Tafel festgehalten und dienen im Verlauf der Stunde als Gesprächsimpulse. Im Anschluss hören die Schüler das 1. Standlied aus der antiken Tragödie „Antigone“ des griechischen Dichters Sophokles (vgl. Anhang M 2). Nach einer kurzen Reflexion über die Entstehungszeit, das Werk und seinen Autor, einige Schüler kennen die Tragödie, weil sie aktuell Gegenstand des Deutschunterrichtes ist, diskutieren die Schüler den Zusammenhang zwischen dem Gedankenexperiment vom Beginn der Stunde und der Thematik des Textauszuges. Die Schüler erkennen rasch, dass der Zusammenhang in der Frage liegt, welche Macht stärker ist. Ist es die der Natur oder die des Menschen? Vor dem Hintergrund dieser Fragestellung untersuchen die Schüler im Folgenden den Textauszug, indem sie in Gruppen herausstellen, was (Handlungen) wer (Natur und Mensch) wie (Eigenschaften) macht (vgl. Anhang M 3). Nach einer intensiven Analyse des Textes stellen die Schüler ihre Ergebnisse vor und konkretisieren ihre Befunde, indem sie den Kernunterschied zwischen menschlicher Macht und natürlicher Macht, wie ihn der Text nahelegt, herausstellen. Den Abschluss der Stunde bildet eine Diskussion zur Frage, inwiefern die Worte des Chores auch für die Leser des 21. Jahrhunderts relevant sind. Die Schüler suchen selbstständig nach Beispielen aus heutiger Zeit, die zeigen, dass Mensch und Natur in einem Machtkampf begriffen sind (z.B. Globalisierung und Klimawandel, Genforschung und Krankheiten etc.) und reflektieren ihren persönlichen Standpunkt zum jeweiligen Problem.

### 3. Doppelstunde: Der Mensch als Genius seiner selbst

(vgl. Dokumentation ausgewählter Doppelstunden)

### 4. Doppelstunde: Im Rausch der Natur

**Ziel** der vierten Doppelstunde ist es, den Schülern einen „romantischen“ Zugang zur Natur vorzustellen und ihnen gleichzeitig die Möglichkeit zu geben, über ihr ganz persönliches Verhältnis zur Natur zu reflektieren.
*Die Schüler erkennen*, dass die Romantiker die Natur in vielerlei Hinsicht verehrten, sei es als Ort der Inspiration, der Harmonie oder als eine Traumwelt.
*Die Schüler erkennen*, dass Natur unabhängig von einer konkreten historischen Zeitperiode für den Menschen sowohl geheimnisvoll und beängstigend als auch belebend und beruhigend sein kann.

**Unterrichtsschritte**

Zu Beginn der Stunde werden die Schüler mit einem Gedichtvers aus Joseph von Eichendorffs Mondnacht konfrontiert: „Es war als hätt' der Himmel die Erde still geküsst.“ Zunächst sollen die Schüler überlegen, was für ein Bild, eine Szenerie sie zu einer solchen Aussage assoziieren. Anschließend betrachten die Schüler Caspar David Friedrichs Gemälde „Mann und Frau in Betrachtung des Mondes“ (1830-1835) und äußern sich zur Stimmung, die das Bild erzeugt. Nach einer kurzen Einführung in die Zeit der Romantik erhalten die Schüler das Arbeitsblatt für den anschließenden Lerngang entlang der durch Pfullingen fließenden Echaz (vgl. Anhang, M 7). Die erste Station ist eine kleine Brücke nahe dem Schulgelände. Hier rezitieren die Schüler in verteilten Rollen das Gedicht von Clemens Brentano mit dem Eingangsvers „Hörst du wie die Brunnen rauschen“ und tauschen sich anschließend über die Wirkung und Bedeutung des Gedichtes aus. Die zweite Station ist ein Rondell in einem kleinen Park. Hier haben die Schüler die Möglichkeit, ganz nah an den Strom der Echaz heranzutreten und das Gedicht von Nikolaus Lenau „Blick in den Strom“ nicht nur zu hören, sondern unmittelbar als Naturerlebnis zu erfahren. Im Anschluss an eine kurze Gedichtreflexion verteilen sich die Schüler im Rondell und halten ihre aktuellen Natureindrücke auf dem Arbeitsblatt fest. Die Schüler sollen das Blatt so nutzen, dass sie den ausgestanzten Stern wie ein Fenster betrachten, durch das sie einen Ausschnitt aus der Natur sehen. Diesen konzentrierten Natureindruck sollen sie dann im darüberliegenden Stern entweder malerisch oder mit Worten festhalten. Nach einer kurzen Exposition der Eindrücke, jeder Schüler legt seinen Stern aus, die Mitschüler betrachten die Sterne und stellen gegebenenfalls Fragen, schließt der Lerngang damit ab, dass die Schüler die letzten Strophen des Gedichts Mondnacht lesen und ihre Erkenntnisse zum „romantischen“ Naturverständnis auf dem Arbeitsblatt festhalten.

### *5. Doppelstunde: Alles „Bio“ der was?*

(vgl. Dokumentation ausgewählter Doppelstunden)

### *6. Doppelstunde: Präsentation der kreativen Hausaufgabe*

**Ziel** der sechsten Doppelstunde ist es, ausgehend von den Ergebnissen der kreativen Hausaufgabe, in eine Abschlussdiskussion einzutreten.
*Die Schüler erkennen*, dass die Auseinandersetzung zwischen Mensch und Natur epochen- und generationenübergreifend verstanden werden muss, wobei die Vorstellung von dem, was Natur ist, stets individuell verschieden ist.
*Die Schüler erkennen*, dass die These vom Menschen als dem Maß aller Dinge (Lehre des Protagoras) immer noch aktuell ist und die sich daraus ergebenden Konsequenzen kritisch zu diskutieren sind.

**Unterrichtsschritte**

Im Zentrum der Stunde steht die Präsentation der kreativen Hausaufgabe durch die Schüler. Die meisten Schüler haben sich für eine Bildcollage entschieden, ihre Ergebnisse werden an der Tafel ausgehangen und können so von den Mitschülern in einer Art „Museumsgang“ begutachtet werden. Ein Schülerpaar hat ein Gedicht verfasst, das in verteilten Rollen vorgetragen wird. Um die Ergebnisse der vergangenen Unterrichtsstunden noch einmal kritisch zu reflektieren, werden die Schüler abschließend mit der protagoreischen These des homo-mensura-Satzes: „Der Mensch ist das Maß aller Dinge“ konfrontiert. Zunächst sollen sie die Bedeutung dieser Aussage reflektieren, bevor sie dann überlegen sollen, welche Konsequenzen aus einer solchen These zu ziehen sind. Im Gespräch wiederholen und vertiefen die Schüler ihre Einsichten zum Beziehungsverhältnis zwischen Natur und Mensch und erkennen schließlich, dass es logisch nicht möglich ist, den Menschen als Maß aller Dinge zu begreifen, da er letztlich immer als Teil der Natur von ihr abhängig bleibt. Den Abschluss der Unterrichtsstunde bildet daher die Entwicklung eines logischen Arguments, indem die Schüler ausgehend von zuvor aufgestellten Prämissen eine Conclusio entwickeln und diese abschließend diskutieren.

## *Dokumentation ausgewählter Doppelstunden*

### *Die dritte Doppelstunde: Der Mensch als Genius seiner selbst*

**Ziele und Kompetenzförderung**
**Stundenziele**

- *Die Schüler erkennen* die Problematik des Menschen als einem Genius, der sich selbst kreieren will, indem sie die Laboratoriumszene aus Goethes Faust II in Beziehung setzen zu den Möglichkeiten der modernen Genforschung.
- *Die Schüler erkennen*, dass die genetische Reproduktion von Menschen ein erheblicher Eingriff nicht nur in die Natur, sondern auch in die Würde des Menschen ist.

**Kompetenzen**

- Die Schüler sind in der Lage, einen Text auf seine Kernaussage hin zu reduzieren.
- Sie können eine strittige These kritisch kommentieren.

**Unterrichtsschritte**

Zu Beginn der Stunde sollen die Schüler Assoziationen zu einem Textzitat äußern. Es handelt sich um einen Vers entnommen einem Textauszug aus Goethes Faust II (vgl. Anhang M 4). Im Folgenden analysieren die Schüler den Textauszug, aus dem das Zitat entnommen wurde, indem sie eine Strichfassung[25] des Textes erstellen und damit den Inhalt des Textes auf das Wesentliche reduzieren. Im Anschluss an ein Unterrichtsgespräch über den Text und seine Aussage setzen die Schüler die im Text aufgeworfene Problematik des künstlich geschaffenen Menschen in Beziehung zu den Erkenntnissen der modernen Genforschung. Hier bildet abermals ein Zitat die Diskussionsbasis, diesmal handelt es sich jedoch nicht um ein Zitat von Goethe, sondern um ein Zitat des modernen Evolutionsbiologen Richard Dawkins[26] (vgl. Anhang M 5). Mithilfe zweier Informationsmaterialien, einem Zeitungsartikel und einem Schaubild, sollen sich die Schüler kontrovers mit Dawkins' Position auseinander setzen, um abschließend ihre persönliche Meinung zur Thematik des reproduktiven Klonens zu diskutieren.

**Tabellarischer Unterrichtsentwurf**

| Zeit | Unterrichtsschritte | Sozialformen | Medien |
|---|---|---|---|
| 15' | **ERÖFFNUNG:**<br>**Impuls:** *„Erinnern Sie sich noch, welcher Satz auf der Karte stand, die in der ersten Stunde über der Eingangstür zum Klassenzimmer hing?"*<br>S nennen Satz: „Es wird ein Mensch gemacht."<br>Falls die S sich nicht erinnern können, hängt L die Textkarte nochmals auf.<br>L notiert Satz auf die rechte Außentafel<br>**AA:** „Überlegen Sie kurz für sich alleine, was Ihnen zu diesem Satz einfällt. Kommen Sie anschließend nach vorne und notieren Sie Ihre Gedanken an der Tafel. Bitte tauschen Sie sich noch nicht mit Ihren Mitschülern aus!" | UG<br><br>EA | Tafel<br><br>Karte |
| 20' | **ERARBEITUNG I:**<br>**Impuls:** *„Haben Sie eine Idee in welcher Zeit dieser Satz notiert wurde?"*<br>S argumentieren für einen möglichen Zeitraum.<br>L informiert in Interaktion mit den S über | UG | AB<br><br>Utensilien (Glaskolben, |

[25] Anm.: Strichfassung ist ein Begriff aus der Theatersprache und bezeichnet eine zu dramaturgischen Zwecken gekürzte Textfassung.

| | | | |
|---|---|---|---|
| | den Kontext des Zitates (Goethes Faust. Der Tragödie zweiter Teil).<br>S erhalten den Text, eine Laboratioriumsszenerie wird angedeutet, der Text wird in verteilten Rollen gelesen (S-Mephistopheles, S-Homunculus, L-Wagner).<br>S und L klären Verständnisfragen zum Text (Worterklärungen).<br>**Impuls:** *„Es wird ein Mensch gemacht. Der Textkontext hilft Ihnen nun dieses Zitat zu verstehen."*<br>S äußern sich zum Verständnis des Textes.<br>**AA:** <u>Tauschen Sie sich zu zweit zum Textauszug aus und fertigen Sie anschließend eine so genannte Strichfassung an des Textes an! Das heißt: Kürzen Sie den Text auf das Wesentliche, indem Sie ihn auf maximal sechs Verse reduzieren.</u> | SV/LV | Bunsenbrenner, Kittel) |
| **15'** | **AUSWERTUNG/SICHERUNG I:**<br>S stellen ihre Ergebnisse vor<br>2 Schülerpaare präsentieren, Mitschüler beobachten und kommentieren Gemeinsamkeiten und Unterschiede | SV | |
| **20'** | **ERARBEITUNG II:**<br>L präsentiert weiteres Zitat („Für mich wäre es ein faszinierender Gedanke, eine kleine Kopie meiner selbst, fünfzig Jahre jünger, beobachten zu können. Es wäre doch wunderbar, seinem jüngeren Ich all die Fehler ersparen zu können, die man selbst gemacht hat.") auf Folie<br>**Impuls:** *„Handelt es sich hier auch um ein Zitat von Goethe? Was meinen Sie?"*<br>S diskutieren eine mögliche Zuordnung des Zitats zu Goethe<br>L klärt auf, dass das Zitat von Richard Dawkins stammt und informiert über die Person<br>**Impuls:** *„Wie passt das Zitat zu den von Ihnen genannten Gedanken vom Beginn der Stunde?"*<br>S äußern sich zu den Bezügen (Genforschung etc.)<br>**AA:** <u>Informieren Sie sich mithilfe des Zeitungsartikels und des Schaubildes zu den Möglichkeiten des modernen Klonens von Menschen.</u> | UG<br>LV<br>UG<br>PA | Folie<br>AB<br>Folie |

| 10' | **AUSWERTUNG/SICHERUNG II:** L legt Folie mit Schlüsselbegriffen aus Schaubild und Zeitungsartikel auf. S fassen ausgehend von den Begriffen die Inhalte zusammen und ergänzen noch fehlende Schlüsselbegriffe | SV | Folie |
|---|---|---|---|
| 10' | **TRANSFER:** L legt Folie mit Bild von einem erst wenige alten Embryo auf **Impuls:** *„Menschliche Kopien als Ersatzteillager? Wie beurteilen Sie die Möglichkeiten der modernen Genforschung?“* S diskutieren ihre Meinungen zur modernen Genforschung | UG | Folie |

**Reflexion der Unterrichtsstunde**

Das stille Brainstorming zu Beginn der Stunde wurde von den Schülern gut aufgenommen. Nachdem sich erfreulicher Weise einige Schüler an den Satz „Es wird ein Mensch gemacht“ erinnerten, konnte rasch dazu übergegangen werden, die Assoziationen zu sammeln, welche dann auch meinen Erwartungen entsprachen. So standen letztlich sowohl Begriffe wie Sex, Befruchtung, Kinder an der Tafel als auch Begriffe wie Genforschung und künstliche Befruchtung. Auf mein Nachfragen hin, aus welcher Zeit dieses Zitat stammen könnte, entwickelte sich eine kurze Diskussion darüber, ob dieser Satz nicht zeitlos sei. Diese Diskussion begrüßte ich sehr, da die Schüler so bereits sehr früh erkannten, dass die Frage, ob der Mensch sich selbst erschaffen kann und darf, eine Frage ist, die immer schon zeitgemäß war und ist. Nach einer kurzen Einordnung des Zitats in das Werk Goethes, bei dem die Schüler ihre bereits vorhandenen Kenntnisse zum Autor und seiner Zeit einbringen konnten, war die Motivation der Schüler geweckt, mehr über den Zusammenhang dieses Satzes zu erfahren, der ihnen doch so gar nicht nach Johann Wolfgang von Goethe klingen wollte.
Die als Laboratorium angedeutete Szenerie stieß bei den Schülern auf Gefallen, was sich positiv auf ihre Aufnahmebereitschaft auswirkte. Die Tatsache, dass nur zwei Schüler mit zudem nur einem geringen Redeanteil an der Textpräsentation beteiligt waren, erwies sich jedoch als negativ. Zwar gaben sich die beiden Schüler Mühe den für sie unbekannten Text angemessen vorzulesen, doch blieb der erwünschte szenische Eindruck aus. Hier wäre es günstiger gewesen, die Schüler den Text zunächst in Ruhe still lesen zu lassen, um dann nach einem kurzen Austausch über unbekannte Worte direkt eine Strichfassung von den Schülern anfertigen und vortragen zu lassen. So hätte die Redundanz der szenischen Lektüre vermieden werden und zudem eine effektvollere Textpräsentation gewährleistet werden können. Nachdem bereits über den Text gesprochen worden war, hatte die Präsentation der Strichfassungen einen stark illustrativen Charakter und diente kaum noch der Textanalyse im Sinne der produktiven Hermeneutik.[27] Aus diesem Grund war auch die Entwicklung des

[27] Anm.: Der Begriff der produktiven Hermeneutik geht zurück auf Günter Waldmann und bezeichnet ein von ihm entworfenes didaktisches Phasenmodell. Produktive Verfahren sind nach seiner Auffassung Problemlösungsstrategien, die ein vertieftes Verständnis der literarischen Textvorlage ermöglichen sollen. Produktiver Umgang mit Literatur ist daher nach Waldmann keine l'art pour l'art, sondern eine kreative Form der Textanalyse. In Bezug auf die Analyse eines Dramentextes schlägt Waldmann beispielsweise vor, „die Szene eines Dramas (etwa unter der Vorgabe, sie könne nur so aufgeführt

Tafelbildes sehr schleppend, da die Schüler wiedergeben mussten, was sie zuvor im Unterrichtsgespräch bereits aufgeführt hatten. Zusammenfassend lässt sich sagen, dass die Sequenz deutlich ökonomischer und effektiver hätte gestaltet werden können, wenn man den Impuls *„Es wird ein Mensch gemacht. Der Textkontext hilft Ihnen nun dieses Zitat zu verstehen."* weggelassen hätte.
Die Ergebnisse der Strichfassungen haben jedoch gezeigt, dass die Schüler den sprachlich anspruchsvollen Text inhaltlich gut bewältigen konnten. So haben beide Fassungen, die von den Schülern präsentiert wurden, zentrale Verse aufgegriffen, wie zum Beispiel Vers 6838, 6839 „Behüte Gott! Wie sonst das Zeugen Mode war/Erklären wir für eitel Possen." oder Vers 6856, 6857 „Was man an der Natur Geheimnisvolles pries/Das wagen wir verständig zu probieren." Aufgrund der pointierten Strichfassungen fiel es den Schülern leicht in ein Gespräch über den im Text aufgeworfenen Konflikt einzutreten. Rasch kamen von den Schülern Kommentare wie: „Das erinnert mich sehr an künstliche Befruchtung, wenn dort vom Menschenstoff die Rede ist, der im Reagenzglas komponiert wird." Selbstverständlich konnte im Rahmen der Möglichkeiten nicht erschöpfend auf die Tragweite des Textes eingegangen werden. So hätten zum Beispiel die mahnenden Worte des Homunculus, der seinen Schöpfer abschätzig im Diminutiv „Väterchen" anredet (vgl. V.6979), Gesprächsanlass für eine ganze Unterrichtsstunde gegeben, abgesehen von den vielen sprachlichen Finessen, die der Text aufzeigt. In diesem Zusammenhang sei als Beispiel das Spiel mit den Infinitiven auf die Endung –„ieren" aufgeführt, die deutlich die Überheblichkeit des Wagner spürbar werden lassen. Wie ein chemisches Gemisch vermag Wagner auch ein Menschengemisch zu „verlutieren", zu „kohobieren" und letztlich zu „kristallisieren" (vgl. V. 6853 -6860). Um den Text einerseits nicht als Steinbruch für eine ethische Reflexion zu missbrauchen und andererseits auch nicht in einer textimmanenten Analyse stecken zu bleiben, sollten die Schüler daher zwar am Text argumentieren, nicht aber mit dem Text als einem literarischen Produkt umgehen. Die Tatsache jedoch, dass die Schüler während des anschließenden Unterrichtsgesprächs immer wieder Bezug zum Text herstellten, stützt die These, dass der Ethikunterricht sehr wohl mit literarischen Texten arbeiten kann, ohne, wie es der Deutschunterricht leistet, die literarische Qualität des Textes zu würdigen.
Da der Textauszug bereits die Themengebiete der künstlichen Reproduktion bei Tieren und Menschen aufgeworfen hatte und das Unterrichtsgespräch erste Diskussionsanlässe geboten hatte, erwies sich das Zitat von Richard Dawkins als geeignet, diese Diskussion fortzusetzen. Während die Spekulation über den historischen Kontext beim Goethezitat sinnstiftende Wirkung hatte, zeigte sich bei der Wiederholung dieses methodischen Vorgehens, dass die Schüler nur wenige Anhaltspunkte fanden für oder gegen eine goethische Urheberschaft zu argumentieren. Hier wäre es sinnvoller gewesen, den Autor unmittelbar zu nennen.
Da die Schüler bereits während der Auseinandersetzung mit dem goethischen Textauszug einen Transfer zu Problemen und Fragestellungen der modernen Genforschung hergestellt hatten, verzichtete ich auf den vorgesehenen Impuls, das Zitat von Richard Dawkins' an die zu Beginn der Stunde geäußerten Gedanken zurückzubinden. Es erschien mir sinnvoller, die Schüler zunächst zu fragen, ob sie die Meinung Dawkins' teilten. Während die Schüler ihre Meinungen diskutierten, tauchten vermehrt Fragen auf, die sich darauf bezogen, was denn überhaupt an genetischer Reproduktion möglich sei. Hier konnten die Informationstexte sehr gut ansetzen und das Informationsbedürfnis der Schüler befriedigen. Durch das Gespräch angeregt

---

werden) um ein Drittel ihres Umfangs [zu kürzen], um so diskutierbar zu machen, was an ihr wirklich wichtig ist und was unwichtiger ist. zit. n. **WALDMANN, GÜNTER**: Produktiver Umgang mit Literatur im Unterricht : Grundriss einer produktiven Hermeneutik. –Baltmannsweiler 1999, S. 150

zeigten die Schüler eine hohe Motivation, die bereitgestellten Informationstexte zu studieren und mithilfe der Schlüsselbegriffe (vgl. Anhang M 6) kurz wiederzugeben. Insgesamt lässt sich sagen, dass die Thematik sowie die ausgewählten Texte die Schüler weder über- noch unterfordert haben. Im Gegenteil, der lebendige Austausch am Ende der Unterrichtsstunde ließ deutlich erkennen, dass die Schüler sehr an den Fragen der modernen Genforschung interessiert sind. Von sich aus verwiesen die Schüler auf Filme, wie zum Beispiel „Gattaca" oder „Die Insel"[28], in denen die Chancen und Grenzen moderner Genforschung reflektiert werden. Einige Schüler stellten auch Querverbindungen zum Biounterricht her, indem sie den Einsatz von Gentechnik bei der Maisproduktion aufführten.
Besonders der provozierende Impuls am Ende der Stunde: „Menschliche Kopien als Ersatzteillager? Wie beurteilen Sie die Möglichkeiten der modernen Genforschung?" zeigte, dass die Schüler sehr bemüht waren, einen reflektierten Standpunkt zu dieser Fragestellung einzunehmen. Einige Schüler betonten, dass menschliche Klone verboten werden müssten, da ihnen das Recht auf eine eigene Identität genommen sei. Dieser Meinung schlossen sich andere Schüler an, die herausstellten, dass die Würde eines Menschen in seiner Einzigartigkeit liege und diese im Zuge des reproduktiven Klonens abhanden käme. Wieder andere Schüler argumentierten damit, dass sie sagten es sei unlogisch Menschen als Menschen zu reproduzieren, diese dann jedoch nicht als Menschen zu behandeln.
Abschließend lässt sich sagen, dass die Schüler, wie gewünscht, die Problematik eines „genialischen" Menschenbildes erkannt haben. Ihnen ist bewusst geworden, dass Genforschung einen menschlichen „Urwunsch" zum Ausdruck bringt, nämlich zum Einen unabhängig von der Natur zu sein und zum Anderen diese aufgrund seiner Intelligenz noch übertreffen zu wollen. Die Wahl der Texte und die Moderation des Unterrichts haben dies zum Großteil begünstigt, so werte ich im Nachhinein vor allem die Verknüpfung des goethischen Textes mit den Erkenntnissen der modernen Genforschung als sinnvoll und effektiv. Kritisch zu betrachten sind vielmehr einige methodische Schritte, so zum Beispiel die Präsentation des literarischen Textes, wie bereits weiter oben erläutert als auch die Spekulation über den Zeitkontext der Zitate. Ferner hätte es sich angeboten, die Auseinandersetzung mit der menschlichen Hybris im klassischen Text bei Goethe mit der Auseinandersetzung im antiken Sophokles' Text zu vergleichen. Hier hätte am Ende oder auch während der Arbeit am Faustauszug ein kurzer Exkurs eingebaut werden können.

### *Die fünfte Doppelstunde: Alles „Bio" oder was?*

#### Ziele und Kompetenzförderung

#### Stundenziele

- *Die Schüler erkennen*, dass der „moderne" Mensch in einem zwiespältigen Verhältnis zur Natur steht. Einerseits schätzt er ihren beruhigenden, schönen Eigenwert (z.B. Hausbau auf dem Land), andererseits nutzt er sie zu seinen Gunsten (z.B. Geschäft mit Bio-Produkten) aus.

---

[28] Anm.: „Gattaca" ist ein Science-Fiction Film aus dem Jahr 1997. Der Film behandelt als einer der ersten Kinofilme die Problematik der Präimplantationsdiagnostik. vgl. hierzu **LIENKAMP, ANDREAS**: *„GATTACA" – Eine Parabel auf die gegenwärtige Biopolitik?.* In: **LIENKAMP, ANDREAS; SÖLLING, CASPAR (Hrsg.)**: *Die Evolution verbessern? Utopien der Gentechnik.* Bonifatius, Paderborn 2003; „Die Insel" ist ebenfalls ein Science-Fiction Film, entstanden 2005. Der Film basiert auf dem Roman „Spares" (dt. Titel „Geklont) von Michael Marshall Smith und thematisiert die Möglichkeit Menschen als Ersatzteillager für andere Menschen zu züchten.

- *Die Schüler erkennen*, dass moralische Verantwortung keine Ware sein kann, die man günstig über ein Geldgeschäft erwirbt, wie es zum Beispiel die Werbung für die Bioproduktserie der Supermarktkette Kaufland suggeriert.

**Kompetenzen**

- Die Schüler sind in der Lage, einen Text konzentriert zu lesen und den Inhalt frei wiederzugeben.
- Sie können einen Sachverhalt mithilfe einer Mindmap strukturiert wiedergeben.

**Unterrichtsschritte**

Am Beginn der Stunde steht das Gedicht „Natur" von Ludwig Fels (vgl. Anhang M 8). Nachdem die Schüler in den vorangegangenen Stunden Eindrücke des antiken, klassischen sowie romantischen Naturverständnis' gewinnen konnten, sollen sie in dieser Stunde wieder durch eine moderne Brille schauen. Wie verhält sich der „moderne" Mensch zu seiner Umwelt? Diese Frage soll im Zentrum der Unterrichtsstunde stehen. Zunächst lesen die Schüler nur den fünften Vers des Gedichtes und sollen davon ausgehend eine mögliche Szenerie des Gedichtes entwerfen. Im Anschluss analysieren die Schüler das gesamte Gedicht und reflektieren die Kritik des lyrischen Ich am modernen Naturverständnis. Diese Kritik sollen sie im Folgenden in Beziehung zum Phänomen der so genannten Bio-Produkte setzen, die immer mehr auf den Markt strömen. Nachdem sich die Schüler mithilfe von Informationsmaterial (vgl. Anhang M 9, M 10) über den Kontext der Bioprodukte informiert haben, sollen sie im Anschluss, angeregt von Zeitungsartikeln, diskutieren, welche ethische Problematik sich mit der Vermarktung von Bio-Produkten verbindet. Den Abschluss der Stunde bildet die kritische Auseinandersetzung mit einer Werbung der Supermarktkette Kaufland für die von ihnen angebotene Bioproduktserie „K-Bio" (vgl. Anhang M.11).

**Tabellarischer Unterrichtsentwurf**

| Zeit | Unterrichtsschritte | Sozialformen | Medien |
|---|---|---|---|
| 15' | **ERÖFFNUNG:**<br>L legt Gedichtvers („Hier ist alles noch so natürlich sagen sie, die Luft.") auf Folie auf und umkreist die Worte „Hier", „alles" und „sie".<br>**Impuls:** *„Haben Sie Ideen wer bzw. was gemeint sein könnte?"*<br>S äußern Assoziationen, L notiert auf Folie<br>L zeigt das ganze Gedicht und trägt es vor<br>**Impuls:** *„Was sagt das Gedicht über das moderne Verhältnis des Menschen zur Natur aus?"*<br>S analysieren das Gedicht und nennen die Kritikpunkte des lyrischen Ichs am modernen Verhältnis von Natur und Mensch. | UG | Folie |
| 20' | **ERARBEITUNG I:**<br>L legt Gedichtvers vom Beginn nochmals auf Folie auf und stellt eine Flasche Bio- | UG | Folie |

| | | | |
|---|---|---|---|
| | nade auf das Pult<br>**Impuls:** *„Versuchen Sie doch mal einen Zusammenhang zwischen der Thematik des Gedichts und diesem „Trendgetränk" herzustellen!"*<br>S reflektieren das Bedürfnis des modernen Menschen nach einem Leben in Einklang mit der Natur<br>L heftet Biosiegel an die Tafel<br>**Impuls:** *„Bio, bio und nochmals bio, es gibt heute kaum noch ein Geschäft, das keine Bioprodukte anbietet. Aber was verbirgt sich eigentlich hinter dem Prädikat „bio"?*<br>S äußern ggf. Kenntnisse zum Biosiegel<br>L notiert S-Antworten auf der linken Tafelseite<br>**AA:** <u>Informieren Sie sich zum Biosiegel, indem Sie die Lücken des Infotextes mithilfe der im Raum verteilten vollständigen Texte abgleichen. Bitte beachten Sie, dass die Lückentexte immer am Ihrem Platz bleiben sollen.</u> | EA | Bionade<br>Biosiegel<br>AB |
| **15'** | **AUSWERTUNG/SICHERUNG I:**<br>**Impuls:** *„Stellen Sie sich vor Ihre Oma oder Ihr Opa fragt Sie, was es denn eigentlich mit diesem Biosiegel auf sich habe. Wie würden Sie es ihr oder ihm erklären?"*<br>S stellen ihre Ergebnisse vor, Mitschüler kommentieren | SV | |
| **20'** | **ERARBEITUNG II:**<br>**Impuls:** *„So sollte es theoretisch sein, schauen wir uns nun an, was in der Realität in Sachen „bio" passiert."*<br>**AA:** <u>Informieren Sie sich mithilfe der Infotexte über das „Geschäft mit den „Bio-Produkten". Warum ist „bio" nicht gleich „bio"? Welche Risiken birgt das Geschäft mit den „Bio-Produkten"? Tauschen Sie sich zu zweit zu diesen Fragen aus und halten Sie Ihre Ergebnisse in einer Mindmap fest!"</u><br>S stellen ihre Ergebnisse vor, L notiert im Tafelbild | PA<br>SV | AB |
| **20'** | **TRANSFER:**<br>L legt Werbung von K-Bio (Bioproduktserie der Supermarktkette Kaufland) auf Folie auf | UG | Folie |

| | | | |
|---|---|---|---|
| | **Impuls:** *„Beschreiben Sie zunächst diese Werbung!“*<br>S beschreiben die Werbung<br>**Impuls:** *„Kommentieren Sie die Werbung!“*<br>S kommentieren die Werbung und diskutieren die Motive einer solchen Marketingaktion.<br>**Impuls:** *„Natürlich mit gutem Gewissen.“ So wirbt Kaufland. Ich behaupte, der Konsument kann gar kein gutes Gewissen haben, wenn er „so viel Bio für so wenig Geld“ kauft. Was ist Ihre Meinung?“*<br>S äußern Ihre Meinung führen eine Diskussion | | |

**Realisierter Tafelanschrieb**

**Modernes Naturverständnis**

| | | |
|---|---|---|
| Natur wird gesucht | „Öko – ist in! | Natur wird zerstört |
| Stadtflucht<br>Idylle | (Abbildung des Biosiegels) | Städtebau<br>Landerschließung |

Zwiespältiges Verhältnis

| | |
|---|---|
| *einerseits*<br>Bioprodukte<br><br>Nachhaltigkeit<br>Tierschutz | *andererseits*<br>Kommmerzialisierung<br>Profitgier<br>Eigennutz |

**Reflexion der Unterrichtsstunde**

Der Einstieg in die Unterrichtsstunde über die Assoziationen zum Gedichtvers erwies sich als produktiv und zielführend. Die Schüler stellten sich, wie erwartet, eine unberührte Landschaft bzw. ein Naturschutzgebiet vor (Assoziationen zu „Hier“); als mögliche Protagonisten der Szene nannten sie Touristen, Stadtmenschen oder die Natur selber. Nach der Rezeption des gesamten Gedichtes erkannten die Schüler rasch, welche Kritik das lyrische Ich am modernen Naturverständnis übt. Unter Einbeziehung der formalen Struktur des Gedichtes, zum Beispiel kontrastiv angeordnete Strophen, Rede und Gegenrede („sagen sie“, V.5; „sag ich“, V.9), stellten die Schüler klar heraus, dass das moderne Naturverständnis nach diesem Gedicht einerseits von einer Sehnsucht nach Naturverbundenheit geprägt ist und andererseits nicht ohne eine Zerstörung der Natur auskommt.

Diese duale Struktur sollte im Folgenden an einem anschaulichen Alltagsbeispiel einsichtig gemacht werden. Zu diesem Zweck waren die Schüler aufgefordert, das Gedicht und seine Aussage mit dem Phänomen der Bioprodukte am Beispiel des Getränks Bionade in Beziehung zu setzen. Hier waren die Schüler jedoch stark über-

fordert, nur wenige Schüler trauten sich Vermutungen anzustellen und einige Schüler zeigten ihre Überforderung in Form von Unruhe. Hier wäre es besser gewesen die Schüler zunächst selber nach anschaulichen Beispielen suchen zu lassen, an denen der zwiespältige Umgang des modernen Menschen mit der Natur deutlich wird. Hier hätten die Schüler Beispiele wie den Bau von Hybridfahrzeugen oder Windkraftanlagen nennen können. Sowohl Hybridfahrzeuge als Windkraftanlagen sollen dazu dienen, den $Co^2$ -Ausstoß zu verringern, ihr Einsatz bzw. bei den Windkraftanlagen ihre Installation in der Natur bedeuten aber wiederum eine Zerstörung derselben. Eine Schülerin hat später in ihrer kreativen Hausaufgabe diesen Widerspruch damit versucht aufzuzeigen, dass sie ein Windkraftrad neben ein Kraftwerk gesetzt hat, mit der Begründung, dass Windkrafträder letztlich nur die Schadstoffe von Kraftwerken verwirbeln (vgl. Anhang Ausgewählte Ergebnisse der kreativen Hausaufgabe).
Nachdem deutlich wurde, dass die Schüler überfordert waren, so unvermittelt eine Beziehung zwischen Gedicht und Alltagsphänomen herzustellen, hielt ich es für angemessen, diese Sequenz zu überspringen und das Gespräch über das Bio-Siegel vorzuziehen. Hier konnte über ein kurzes Brainstorming rasch ein Einstieg gemacht werden und auch der Wechsel der Sozialform vom Unterrichtsgespräch hin zur Einzelarbeit am Lückentext wirkte motivierend. Da einige Schüler in einer ländlichen Gegend beheimatet, teilweise sogar familiär in einen landwirtschaftlichen Betrieb eingebunden sind, konnte eine Menge an Informationen zum Biosiegel noch vor der Analyse des Informationsmaterials festgehalten werden. Auch die Texterschließung nach dem Prinzip der bewegten Schule[29] konnte zügig und erfolgreich durchgeführt werden. Die Hilfestellung, das Gelesene in einem fiktiven Gespräch zwischen Enkelin/Enkel und Großmutter/Großvater wiederzugeben machte den Schülern Spaß und führte zeitnah zum gewünschten Ergebnis.
Problematisch hingegen erwies sich die zweite Erarbeitungsphase. Vielen Schülern war der Arbeitsauftrag nicht auf Anhieb einsichtig, was sich darin zeigte, dass einige Schüler völlig ohne Bezug zu den Texten eine Mindmap versuchten zu erstellen, andere über die Diskussion von Einzelaspekten wie dem Aspekt der Raffgier die eigentliche Aufgabe aus dem Blick verloren. Um die ungünstige Situation abzufangen, schlug ich den Schülern vor, auf eine Mindmap zu verzichten und die Antworten zu den im Arbeitsauftrag gestellten Fragen auszuformulieren. Diese Antworten wurden im Folgenden vorgelesen, kommentiert und im Tafelbild festgehalten. Meine Idee von einem Tafelbild in Form einer Mindmap zum Biophänomen überhaupt, bei dem einige Äste die Schattenseiten des Geschäfts mit den Bio-Produkten darstellen sollten, konnte nun nicht mehr umgesetzt werden, was jedoch mehr ein formaler denn ein inhaltlicher Tribut war.
Die letzte Sequenz der Unterrichtsstunde war der Auseinandersetzung mit der Werbung für „K-Bio Produkte“ gewidmet. Im Gegensatz zur vorangegangen Sequenz, die für Unruhe und Verwirrung gesorgt hatte, konnte mit dem Schlussimpuls neue Motivation geweckt werden. Die Schüler nahmen in der Werbung einen zynischen Unterton wahr, was sie durch Kommentare zum Ausdruck brachten, wie: „Das ist doch Blödsinn zu sagen: „So viel Bio für so wenig Geld“, Qualität hat doch immer seinen Preis, ob nun bio oder nicht.“ Diese Kritik griffen andere Schüler auf, indem sie gel-

[29] Anm.: „Bewegte Schule“ ist ein Unterrichtsverfahren, bei dem körperliche Aktivität der Schüler zentraler Bestandteil des Unterrichts ist. Vertreter der bewegten Schule, wie beispielsweise Urs Illi im deutschsprachigen Raum, gehen davon aus, dass Lernen und Bewegung einander begünstigen können und folgen damit dem Credo Rousseaus: „Übe unablässig den Leib, mache ihn kräftig und gesund, um ihn weise und vernünftig zu machen“. vgl. **KÖHLE, ULRIKE**: Bewegte Schule. Bewegter Unterricht. Eine theoretische Einführung. Staatliches Seminar für Lehrerbildung und Didaktik Tübingen. –Tübingen: 2008

tend machten, dass es doch gut sei, wenn viele Menschen Produkte kauften, die den Kriterien des Bio-Siegels entsprächen. Das wiederum führte zu der Frage, ob K-Bio Produkte überhaupt das Bio-Siegel aufweisen oder nur ein „Schein-Bioprodukt“ seien. Diese These konnte jedoch mit Blick auf die Vorlage für nichtig erklärt werden, da alle Produkte das Siegel aufweisen. An dieser Stelle konnte ich die Schüler darüber aufklären, dass das Bio-Siegel nur ein zusätzliches Indiz dafür ist, dass ein Produkt der EG-Öko Verordnung genügt. Es besteht laut Gesetz keine Verpflichtung das Bio-Siegel auf dem Produkt auszuweisen, entscheidend dafür, ob ein Produkt als „Bio-Produkt“ vermarktet werden kann, ist ausschließlich die Einhaltung der Vorschriften für den ökologischen Landbau.[30] Damit die Diskussion nicht zu einem unkontrollierten Schlagabtausch degenerierte, sollten die Schüler im Folgenden die Perspektive wechseln und überlegen, aus welchen Motiven und mit welchen Zielsetzungen wohl die Marketingabteilung von Kaufland eine solche Kampagne initiiert hat. Konkret fragte ich die Schüler: „Wenn Sie in der Marketingabteilung von Kaufland säßen, wie würden sie ihre Kampagne beschreiben und gegenüber Kritikern verteidigen.“

Ähnlich wie das fiktive Gespräch zwischen den Generationen bei der Frage, was das Bio-Siegel besagt, konnte ich auch hier feststellen, dass die Schüler diese Aufforderung, in einen fiktiven Dialog einzutreten, gerne aufnahmen. Den Vorschlag eines Schülers, doch Marketingleiter und Kritiker gegeneinander „antreten“ zu lassen, griff ich gerne auf und so waren die Schüler für die letzten Minuten der Stunde in eine Art Konferenzsituation hineinversetzt. Während der fiktive Marketingleiter beteuerte, dass besonders der Slogan „So viel Bio für so wenig Geld“ gerade Kauflandkunden, die in der Mehrzahl günstig einkaufen wollten, besonders anspräche, wetterte der fiktive Kritiker dagegen, dass die Kunden doch getäuscht würden und ihnen nur vorgegaukelt werde, sie könnten ein gutes Gewissen haben. Schnell zeigte sich, dass der Kritiker mehr Sympathien im Kurs fand und so unterstützten ihn andere Schüler, indem sie Kommentare beisteuerten, wie: „Die Produkte sind zwar per Gesetz ökologisch korrekt, aber wer erzählt dem Verbraucher von den Arbeitsbedingungen und den niedrigen Löhnen der Hersteller?“. Um zu vermeiden, dass die Schüler mehr fabulierten als argumentieren, brach ich die Diskussion an dieser Stelle ab und bat darum, noch einmal zusammenzufassen, was das Geschäft mit den Bio-Produkten über das moderne Naturverständnis aussagt. Dies fiel den Schülern jedoch sehr schwer, was mich in der Stunde irritierte, mir in der Rückschau jedoch nachvollziehbar ist.

Die Stunde war deduktiv konzipiert, vom allgemeinen Phänomen, zwiespältiger Umgang des modernen Menschen mit der Natur, zum konkreten Beispiel, ambivalenter Handel mit Bio-Produkten. Zwar haben sich die Schüler bei der Gedichtbetrachtung auf das allgemeine Phänomen eingelassen und sind in die Diskussion um den Bionade-Skandal und die K-Bio Werbung eingestiegen, doch konnten sie den Konnex der beiden Ebenen nicht leisten. Ob dies durch einen induktiven Zugang, der beispielsweise bei der Betrachtung der K-Bio Werbung angesetzt hätte, besser gelungen wäre, kann nur vermutet werden.

Ich denke jedoch, dass zwei Gründe für einen induktiven Ansatz sprechen. Zum Einen hätten sich die Schüler stärker mit der Thematik identifizieren können. Eine Werbung, die den Schülern vielleicht aus dem Alltag bekannt ist und die, wie sich gezeigt hat, viel Diskussionsstoff bietet, hätte nicht nur einen problemorientierten Einstieg ermöglicht, sondern sehr wahrscheinlich auch die Motivation der Schüler stärker gefördert. Zum Anderen wäre es leichter gewesen die Brücke zu den Informationstexten bezüglich des Bio-Siegels und den Zeitungsartikeln betreffend des Bionade-

[30] Vgl. http://www.bio-siegel.de/infos-fuer-verbraucher/haeufig-gestellte-fragen/uebersicht/darf-ein-produkt-mit-bio-beworben-werden-ohne-mit-dem-bio-siegel-gekennzeichnet-zu-sein/

Skandals zu schlagen. Hat man erst einmal eine Weile über die Werbung gesprochen, kommen die Fragen, was eigentlich „bio“ bedeutet, von selbst auf.
Ferner denke ich, dass bei einer induktiven Variante, wie ich sie soeben versucht habe zu skizzieren, die Gedichtanalyse keinesfalls hätte ausgeklammert werden müssen. So hätte das Gedicht anstatt am Stundenbeginn als Transferimpuls den Schlusstakt der Stunde bilden können. Denn was der zwiespältige Konsum von Bio-Produkten im Kleinen ist, ist die Stadtflucht im Großen. Das Problem menschlicher Gier nach Besitz und Profit, wie es die Auseinandersetzung mit den Bio-Produkten gezeigt hat, hätten die Schüler hier auf allgemeiner Ebene wiederfinden können. „Auf ihrem Grundstück grasen Kühe/und Blumen wachsen im Klee“ (V.3, 4), „[o]hne euch/[...] würde es auch so bleiben (V.8ff)." so stellt es das lyrische Ich im Gedicht heraus und zeigt damit sehr eindrücklich, dass die Natur bei aller Schönheit letztlich vom Menschen immer auch als ein Mittel zum Zweck eingesetzt wird, so zum Beispiel als idyllische Kulisse für das traute Eigenheim im Grünen.
Das Gedicht als Schlusspunkt zu setzen, erscheint in der Rückschau deutlich sinnvoller, da auf diese Weise die Progression der Unterrichtsstunde besser berücksichtigt werden kann und die Schüler sehr wahrscheinlich die Zwiespältigkeit zwischen Naturverbundenheit einerseits und Naturvergessenheit andererseits besser nachvollziehen können.
Abschließend lässt sich daher sagen, dass die Unterrichtsstunde inhaltlich ihr Ziel weitestgehend erreicht hat, wobei der Aspekt, dass moralische Verantwortung nicht über ein Geldgeschäft erworben werden kann, nur wenig berücksichtigt wurde. Didaktisch und methodisch wäre ferner eine Umstrukturierung zugunsten einer induktiven Vorgehensweise günstig gewesen.

# SCHLUSSWORT

Ziel der Unterrichtseinheit sollte es sein, den Schülern in der Auseinandersetzung mit historischen Naturvorstellungen deutlich zu machen, dass der Mensch als Teil der Natur trotz aller Macht ohnmächtig bleibt gegenüber der Macht der Natur. Ich denke, dass dieses Ziel erreicht wurde. Insbesondere die klassischen Texte haben sich in diesem Zusammenhang als sinnvoll erwiesen, vor allem aufgrund der Möglichkeit, die Texte an moderne Problemstellungen zurückzubinden. Zu erkennen, dass beispielsweise die menschliche Hybris ein zeitunabhängiges Phänomen darstellt, hat die Schüler beeindruckt und nachdenklich gemacht. Hilfreich waren in diesem Zusammenhang vor allem die kontrastiven Fragestellungen: Ist die Natur der Freund oder der Feind des Menschen? Wer ist mächtiger, die Natur oder der Mensch? Hier könnte ich mir vorstellen, noch stärker interdisziplinär zu arbeiten. So wäre nicht nur eine Zusammenarbeit mit den Deutschlehrern (Antigone, Homo Faber), sondern auch eine Kooperation mit dem Biologieunterricht möglich (Genetik, Ökologie) [31].

Ein weiteres Ziel bestand darin, den Schülern die Möglichkeit zu geben, das Naturverständnis der modernen Gesellschaft sowie ihr persönliches Naturverständnis auseinanderzusetzen und Letzteres in kreativer Form zu dokumentieren. Dieses Ziel konnte, so denke ich, nur eingeschränkt erreicht werden. Indem die Schüler über Themenbereiche wie die moderne Genforschung sowie die Vermarktung von Biopro-

[31] Anm.: Ausgearbeitete Projekte für fächerübergreifenden Unterricht finden z.B. zum Thema „Menschenbilder zum Angucken: Kunst – Alltag-Werbung“ in BRINKMÖLLER-BECKER, HEINRICH **(Hrsg.).** Fächerübergreifender Unterricht in der Sekundarstufe II. Projekte und Materialien für das Fächernetz Deutsch. –Berlin: 2000 S.163-177

dukten reflektiert haben, haben sie zwar in Ansätzen einen Eindruck gewinnen können, welche ambivalente Rolle die Natur für den modernen Menschen spielt, einerseits will sie vom Menschen überboten, andererseits bewahrt und geschützt werden. Die gewünschte Auseinandersetzung mit dem persönlichen Naturverständnis blieb jedoch hinter den Erwartungen zurück, was sich auch an den Ergebnissen der kreativen Hausaufgabe ablesen lässt. Obwohl die Schüler informiert waren, ihr ganz persönliches Naturverständnis einzufangen, haben die meisten die Hausaufgabe als eine Reproduktion der Unterrichtsinhalte verstanden und großteils eine Reflexion des Mensch-Natur-Verhältnisses in Form einer Bildcollage gewählt. Wenngleich die Ergebnisse von meiner Erwartung abwichen, werte ich sie dennoch als Bestätigung meiner Unterrichtseinheit. Die Schüler haben die verschiedenen Funktionen der Natur für den Menschen reflektiert und Missstände und Ambivalenzen im Verhältnis zwischen Mensch und Natur herausgearbeitet.
Abschließend kann ich sagen, dass ich die Unterrichtseinheit in dieser Form wieder unterrichten würde. Ich halte es weiterhin für äußerst sinnvoll, mit den Schülern zu reflektieren, welches Verhältnis Mensch und Natur in verschiedenen Zeiten geprägt hat und auch heute noch prägt.
Ferner halte ich die Unterrichtseinheit für geeignet, um die Schüler auf die Themen des Ethikunterrichts auf der Oberstufe insgesamt vorzubereiten. Welche Berührungspunkte ich sehe, zwischen den einzelnen Themen der von mir dokumentierten Einheit und den Themen, die die Schüler auf der Oberstufe im Fach Ethik erwarten, möchte ich abschließend mit einem Schaubild darlegen.

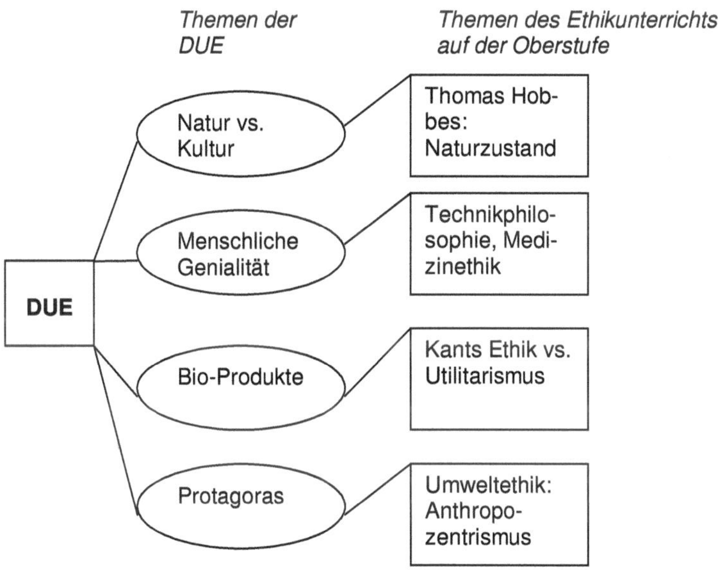

[32]

[32] Vgl. dazu die Ausführungen Bechthold-Hengelhaupt zur Rolle der kantischen Ethik und des Utilitarismus in bioethischen Diskussionen. **BECHTHOLD-HENGELHAUPT, TILMAN**. Ethische Aspekte der Gentechnik. Ein Handbuch für den Ethikunterricht. –Göttingen 2007, S.29 - 50

## Literaturverzeichnis

Bildungspläne:

**Bildungsplan** 1994. Allgemeinbildendes Gymnasium (Hrsg.: Ministerium für Kultus, Jugend und Sport). –Stuttgart 1994

**Bildungsplan** 2004. Allgemeinbildendes Gymnasium (Hrsg.: Ministerium für Kultus, Jugend und Sport). –Stuttgart 2004

Nachschlagewerke:

**HIRSCHBERGER, JOHANNES**: Geschichte der Philosophie Band I. Altertum und Mittelalter. Frankfurt am Main 1980

**HÖFFE, OTFRIED u.A. (Hrsg.)**:Lexikon der Ethik. –München: 1992

**PONS** Wörterbuch für Schule und Studium: Globalwörterbuch: Lateinisch-Deutsch .-Stuttgart; Düsseldorf; Leipzig: Klett 1998

Sekundärliteratur:

**BECHTHOLD-HENGELHAUPT, TILMAN**. Ethische Aspekte der Gentechnik. Ein Handbuch für den Ethikunterricht. –Göttingen 2007

**BRINKMÖLLER-BECKER, HEINRICH (Hrsg.)**: Fächerübergreifender Unterricht in der Sekundarstufe II. Projekte und Materialien für das Fächernetz Deutsch. –Berlin: 2000

**DER SPIEGEL**. Die Schöpfung im Labor. Forscher auf der Suche nach der Formel des Lebens. Heft 1, 2010

**DIEKHANS, JOHANNES**: EinFach Deutsch. Sophokles, Anouillh, Brecht u.A. Antigone in Vergangenheit und Gegenwart. –Braunschweig, Paderborn, Darmstadt 2005

**DROSTE, EDITH; BEER, WOLFGANG**: Biopolitik im Diskurs. Argumente, Fragen, Perspektiven. –Bonn 2006

**ENGELS; HELMUT**: Literarisches Philosophieren. In: Ethik & Unterricht Nr.1/03

**GRIMM, HANS ULRICH**:„Alles bio oder was? Der schöne Traum vom natürlichen Essen". -Stuttgart: Hirzel Verlag 2002

**KÖHLE, ULRIKE**: Bewegte Schule. Bewegter Unterricht. Eine theoretische Einführung. Staatliches Seminar für Lehrerbildung und Didaktik Tübingen. –Tübingen: 2008

**MARTENS, EKKEHARD**: "Methodik des Ethik- und Philosophieunterrichts: Philosophieren als elementare Kulturtechnik". Hannover: Siebert Verlag, 2003

**NAUMANN, BARBARA; FABER, RICHARD** (Hrsg.): Literarische Philosophie – Philosophische Literatur. –Würzburg 1999

**RUDOLF; HERRMANN, HARALD u.A. (Hrsg.)**: Ethik 11. Handeln und Verantworten. –Bühl 1997

**SCHMIDT, JOCHEN**: Goethes Faust. Erster und Zweiter Teil. Grundlagen – Werk – Wirkung. –München 1999

**SCHMITZ, EMANS, MONIKA**: Einführung in die Literatur der Romantik. In: GRIMM, **GUNTER E., BOGDAL, KLAUS-MICHAEL (Hrsg.)**:Einführungen Germanistik. –Darmstadt 2004

**WALDMANN, GÜNTER**: Produktiver Umgang mit Literatur im Unterricht : Grundriss einer produktiven Hermeneutik. –Baltmannsweiler 1999

**ZDPE (Zeitschrift für Didaktik der Philosophie und Ethik).** Literatur. Heft 3 1988

Internetquellen:

- http://www.cicero.de/839.php?ausgabe=09/2009
- http://www.bio-siegel.de/infos-fuer-verbraucher/haeufig-gestellte-fragen/uebersicht/darf-ein-produkt-mit-bio-beworben-werden-ohne-mit-dem-bio-siegel-gekennzeichnet-zu-sein/
- http://www.spiegel.de/wissenschaft/natur/0,1518,670081,00.html
- http://www.geneart.com
- http://www.myclimate.org

## Abkürzungsverzeichnis

| | |
|---|---|
| AA | Arbeitsauftrag |
| AB | Arbeitsblatt |
| EA | Einzelarbeit |
| GA | Gruppenarbeit |
| L | Lehrer |
| LV | Lehrervortrag |
| PA | Partnerarbeit |
| S | Schüler/in |
| SV | Schülervortrag |
| TA | Tafel/Tafelanschrieb |
| UG | Unterrichtsgespräch |

## ANHANG

### Materialienverzeichnis

**M 1 Natur – Freund oder Feind?**

*1

Natur
Freund - Feind?

*2

*1: http://88.198.38.89/michael/wordpress/index.php/2007/04/klimaskepsis/

*2: http://www.elternwissen.com/erziehung-entwicklung/erziehung-tipps/art/tipp/so-finden-sie-dass-passende-haustier-fuer-ihr-kind.html

## M 2 Antikes Naturverständnis

Thema: **Formen des menschlichen Naturverständnis'**
*Material 1*

### Vieles Gewalt'ge lebt, und nichts
### Ist gewaltiger als der Mensch,

Denn selbst über die dunkele
Meerflut zieht er, vom Süd umstürmt,
Hinwandelnd zwischen den Wogen
Die ringsumtoste Bahn.
Er müdet ab der Götter höchste,
Gää, die ewige, nie zu ermattende,
Während die Pflüge sich wenden von Jahr zu Jahr,
Wühlt sie durch der Rosse Kraft um.

Flüchtiger Vögel leichte Schar
Und wild schwärmendes Volk im Wald,
Auch die wimmelnde Brut der See
Fängt er, listig umstellend sie
Mit netzgeflochtenen Garnen,
Der vielbegabte Mensch.
Er zwingt mit schlauer Kunst des Landes
Bergdurchwandelndes Wild, und den mähnigen
Nacken umschirrt er dem Ross mit dem Joche rings,
Wie dem freien Stier der Berghöh'n.

Und das Wort und den luftigen Flug
Des Gedankens erfand er, ersann
Staatsordnende Satzungen, weiß dem ungastlichen
Frost des Reifes und
Zeus' Regenpfeilen zu entfliehen.
Überall weiß er Rat;
Ratlos trifft ihn nichts
Zukünft'ges; vor dem Tode nur
Späht er kein Entrinnen aus.
Doch für der Seuchen schwerste Not.
Fand er Heilung.

In Erfindungen listiger Kunst
Weit über Verhoffen gewandt,
Neigt bald er zu Bösem, zu Gutem bald, achtet hoch
Der Heimat Gesetz,
Der Götter heilig Recht und wird
Hoch geehrt! Aber der
Gilt nichts, der, gesellt
Dem Bösen, frechen Trotze frönt.
Nimmer sitze mir am Herd
Und nimmer sei mir gleich gesinnt
Solch ein Frevler.

zitiort nach: **SOPHOKLES**: Antigone. Auf Grundlage der Übersetzung von Donner. –Husum: Hamburger Lesehefte Nr. 181 2007 V. 333 – V.374

## M 3 Tafelbild zur zweiten Doppelstunde

**„Vieles Gewalt'ge lebt, und nichts<br>Ist gewaltiger als der Mensch"**

*Welche Macht ist stärker, die der Natur oder die des Menschen?*

| | **Mensch** | **Natur** |
|---|---|---|
| **Hand-<br>lungen** | zieht seine Bahn über die Meerflut V.336ff<br>müdet ab der Götter höchste, Gäa V. 339f<br>wühlt die Erde auf V.342<br>fängt die Vögel V.346<br>zwingt das Wild V.349f<br>umschirrt das Ross V.351<br>erfand, ersann das Wort, Flug des Gedanken V.354f<br>entflieht den Regenfeilen des Zeus V.357<br>weiß überall Rat V.358<br>späht kein Entrinnen vor dem Tode aus V. 360f<br>fand keine Heilung vor Seuchen 36f<br>neigt bald zu Bösem, zu Gutem V.366<br>achtet das Gesetz der HeimatV.367 | stürmt V.336<br>tost V.338<br>ermattet nie<br>V.340<br><br>schwärmt<br>V.344<br>wimmelt V.<br>345<br>wandelt V.350 |
| **Mittel** | Pflüge V.341<br>Pferdekraft V.342<br>Netzen V.346<br>schlauer Kunst V.349<br>Joch V.351 | Meerflut<br>V.336<br>Frost V.356<br>!!aus sich<br>selbst her-<br>aus!! |
| **Eigen-<br>schaften** | listig V.346<br>vielbegabt V.348<br>neigt zum Bösen, zum Guten V.366<br>Frevler V.374 | dunkel V.335<br>nie ermattend<br>V.340<br>flüchtig V.343<br>wild V.344 |

Macht ist<br>durch die Natur

Macht ist

*begrenzt*

*unbe-<br>grenzt*

**M 4 Laboratoriumsszene(Faust II)**

Thema: **Formen des menschlichen Naturverständnis'**
*Material 2*

# ...Es wird ein Mensch gemacht...

**Laboratorium**

im Sinne des Mittelalter, weitläufige unbehülfliche Apparate zu phantastischen Zwecken.

**WAGNER** ***am Herde:*** Die Glocke tönt, die fürchterli-
che,
Durchschauert die berußten Mauern.
Nicht länger kann das Ungewisse
Der ernstesten Erwartung dauern.
Schon hellen sich die Finsternisse;
Schon in der innersten Phiole
Erglüht es wie lebendige Kohle,
Ja wie der herrlichste Karfunkel,
Verstrahlend Blitze durch das Dunkel.
Ein helles weißes Licht erscheint!
O dass ich's diesmal nicht verliere! –
Ach Gott! was rasselt an der Türe?
**MEPHISTOPHELES eintretend:**
Willkommen! es ist gut gemeint.
**WAGNER ängstlich:**
Willkommen zu dem Stern der Stunde!
*Leise.* Doch haltet Wort und Atem fest im Munde,
Ein herrlich Werk ist gleich zustand gebracht.
**MEPHISTOPHELES leiser:**
Was gibt es denn?
**WAGNER leiser:** Es wird ein Mensch gemacht.
**MEPHISTOPHELES:** Ein Mensch? Und welch ver-
liebtes Paar
Habt ihr ins Rauchloch eingeschlossen?
**WAGNER:** Behüte Gott! wie sonst das Zeugen Mode
war,
Erklären wir für eitel Possen.
Der zarte Punkt, aus dem das Leben sprang,
Die holde Kraft, die aus dem Innern drang
Und nahm und gab, bestimmt sich selbst zu zeichnen,
Erst Nächstes, dann sich Fremdes anzueignen,
Die ist von ihrer Würde nun entsetzt;
Wenn sich das Tier noch weiter dran ergetzt,
So muß der Mensch mit seinen großen Gaben
Doch künftig höhern, höhern Ursprung haben.
***Zum Herd gewendet.***
Es leuchte! seht! – Nun lässt sich wirklich hoffen,
Daß, wenn wir aus viel hundert Stoffen
Durch Mischung – denn auf die Mischung kommt es
an –
Den Menschenstoff gemächlich komponieren,
In einen Kolben verlutieren
Und ihn gehörig kohobieren,
So ist das Werk im stillen abgetan.
***Zum Herd gewendet.***
Es wird! Die Masse regt sich klarer!
Die Überzeugung wahrer, wahrer:
Was man an der Natur Geheimnisvolles pries,
Das wagen wir verständig zu probieren,
Und was sie sonst organisieren ließ,
Das lassen wir kristallisieren.
**MEPHISTOPHELES:** Wer lange lebt, hat viel er-
fahren,
Nichts Neues kann für ihn auf dieser Welt ge-
schehn.
Ich habe schon in meinen Wanderjahren
Kristallisiertes Menschenvolk gesehen.
**WAGNER, bisher immer aufmerksam auf die
Phiole:**
Es steigt, es blitzt, es häuft sich an,
Im Augenblick ist es getan.
Ein großer Vorsatz scheint im Anfang toll;
Doch wollen wir des Zufalls künftig lachen,
Und so ein Hirn, das trefflich denken soll,
Wird künftig auch ein Denker machen.
***Entzückend die Phiole betrachtend.***
Das Glas erklingt von lieblicher Gewalt,
Es trübt es klärt sich; also muß es werden!
Ich seh' in zierlicher Gestalt
Ein artig Männlein sich gebärden.
Was wollen wir, was will die Welt nun mehr?
Denn das Geheimnis liegt am Tage.
Gebt diesem Laute nur Gehör,
Es wird zur Stimme, wird zur Sprache.
**HOMUNCULUS** in der Phiole zu Wagner:
Nun Väterchen! wie stehts's es war kein Scherz
Komm, drücke mich recht zärtlich an dein Herz!
Doch nicht zu fest, damit das Glas nicht springe
Das ist die Eigenschaft der Dinge:
Natürlichem genügt das Weltall kaum,
Was künstlich ist, verlangt geschloßnen Raum.

zitiert nach: **JOHANN WOLFGANG VON GOETHE**. Faust. Der Tragödie zweiter Teil. –Stuttgart: Klett 1985 S. 70 – 72/ V.6819 - 6884

**M 5 Moderne Genforschung**

Thema: **Formen des menschlichen Naturverständnis'**
*Material 3*

## ...Es wird ein Mensch geklont...

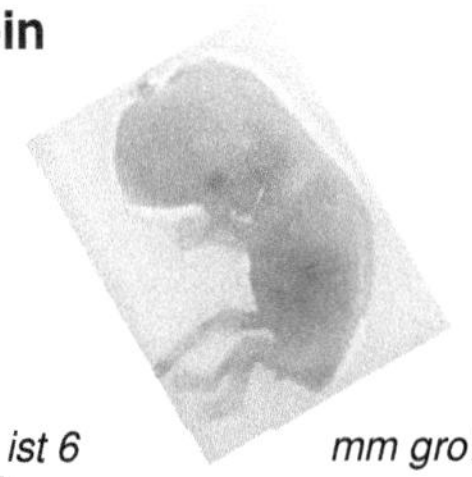

*Dieser Embryo ist 6 mm groß und wenige Tage alt. Ist er ein Lebewesen oder ein Ersatzteillager?*
**Quelle:** Praktische Philosophie.-Berlin: 2000, S.182

*„Für mich wäre es ein faszinierender Gedanke, eine kleine Kopie meiner selbst, fünfzig Jahre jünger, beobachten zu können. Es wäre doch wunderbar, seinem jüngeren Ich all die Fehler ersparen zu können, die man selbst begangen hat."*
***Richard Dawkins, Professor an der Oxford University***

„13. Februar 2004. Selbst manche Befürworter des therapeutischen Klonens*1 zeigen sich nun überrascht, wie schnell aus einem Konzept, über das in biologischen Instituten diskutiert wurde, eine neue Realität geworden ist, die nicht mehr aus der Welt gehen wird.
Das Wissen, wie man einen Menschen klont, einen Embryo schafft, dessen Erbgut identisch ist mit dem eines bereits Lebenden, kann von heute an von jedem Interessierten in der Zeitschrift ‚Science' nachgelesen werden. Zwei, drei Veränderungen waren nötig gegenüber dem Versuchsaufbau bei Schaf, Rind und Schwein, um den Kopierschutz des Menschenerbgutes zu knacken. Kein Zweifel besteht, dass sich Kollegen des südkoreanischen Forschers Hwang inspiriert fühlen und die Technik noch perfektionieren werden. [...]
Einstweilen haben die südkoreanischen Experimente niemanden geheilt, aber der Welt Klonembryonen beschert – und der Raelianer-Sekte*2 die Anleitung zu ihrer Erschaffung. Begierig werden in diesen Scharlatan Kreisen die neuen Informationen gelesen. Junge fanatisierte Frauen, die sich zum Austragen von Klonbabys zur Verfügung stellen, gibt es offenbar genug. Dieser Spuk wird vermutlich erst dann ein Ende finden, wenn das erste deformierte Klonbaby geboren ist. Diese ist eine schreckliche Vorstellung."

**Quelle:** Frankfurter Allgemeine Zeitung vom 13. Februar 2004 S.1

*1 Unter therapeutischem Klonen versteht man die Züchtung gesunder Zellen, die erkranktes Gewebe im Menschen ersetzen sollen. Mithilfe des therapeutischen Klonens soll Zuckerkranken, Parkinson- und Alzheimerpatienten geholfen werden.

*2 Die Raelianer-Sekte ist benannt nach ihrem Führer Claude Vorilhon, Künstlername „Rael". Die Raelianer glauben an Außerirdische und, dass die irdische Menschheit von diesen abstamme.

M 6 Schlüsselbegriffe

*

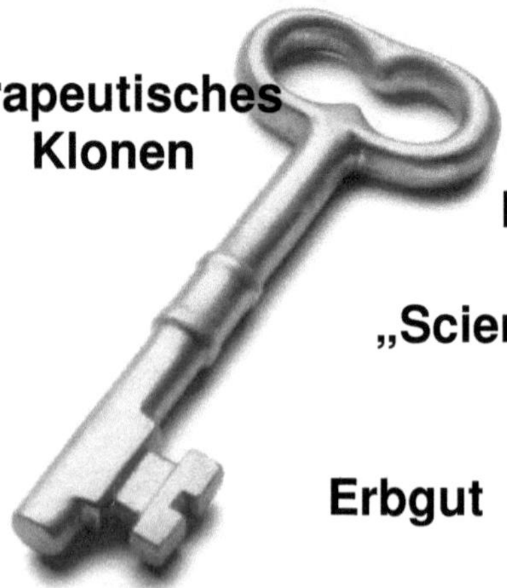


*Quelle:http://www.synlife.com/files/istock_000005140011xsmall_schluessel_klein.jpg

## M 7 Romantisches Naturverständnis

Thema: **Formen des menschlichen Naturverständnis'**
*Material 4*

**...Es war als hätt' der Himmel die Erde still geküsst...**

***Mondnacht***

*Es war, als hätt' der Himmel*
*Die Erde still geküsst,*
*Dass sie im Blütenschimmer*
*Von ihm nun träumen müsst'.*

*Die Luft ging durch die Felder,*
*Die Ähren wogten sacht,*
*Es rauschten leis die Wälder,*
*So sternenklar war die Nacht.*

*Und meine Seele spannte*
*Weit ihre Flügel aus,*
*Flog durch die stillen Lande,*
*Als flöge sie nach Haus.*

*Joseph von Eichendorff*

*Hörst du wie die Brunnen rauschen,*
*Hörst du wie die Grille zirpt?*
*Stille, stille, lass uns lauschen,*
*Selig, wer in Träumen stirbt.*
*Selig, wen die Wolken wiegen,*
*Wem der Mond ein Schlaflied singt,*
*O wie selig kann der fliegen,*
*Dem der Traum den Flügel schwingt,*
*Daß an blauer Himmelsdecke*
*Sterne er wie Blumen pflückt:*
*Schlafe, träume, flieg', ich wecke*
*Bald Dich auf und bin beglückt.*

*Clemens Brentano*

**Blick in den Strom**

*Sahst du ein Glück vorübergehn,*
*Das nie sich wiederfindet,*
*Ist's gut, in einen Strom zu sehn,*
*Wo alles wogt und schwindet.*

*O, starre nur hinein, hinein;*
*Du wirst es leichter missen,*
*Was dir, und soll's dein Liebstes sein,*
*Vom Herzen ward gerissen.*

*Blick unverwandt hinab zum Fluß,*
*Bis deine Tränen fallen,*
*Und sieh durch ihren warmen Guß*
*Die Flut hinunterwallen.*

*Hinträumend wird Vergessenheit*
*Des Herzens Wunde schließen;*
*Die Seele sieht mit ihrem Leid*
*Sich selbst vorüberfließen.*

*Nikolaus Lenau*

## M 8 Modernes Naturverständnis

## M 9 Bioprodukte

Thema: **Formen des menschlichen Naturverständnis'**
*Material 5*

# ...Alles „Bio“ oder was?...

*Auf einen Blick:* *Informationen zum Bio-Siegel*

*

Eine Vielzahl unterschiedlicher Öko-Kennzeichen machte es noch vor wenigen Jahren den Verbrauchern schwer, den Überblick zu behalten. Darum wurde ________ das staatliche Bio-Siegel ins Leben gerufen. Bioprodukte sind dank des Bio-Siegels heute auf einen Blick zu erkennen. Mit dem Bio- Siegel können Produkte und Lebensmittel gekennzeichnet werden, die nach den EG-Rechtsvorschriften für den ökologischen Landbau produziert und kontrolliert wurden. Diese EU-weit gültigen Rechtsvorschriften garantieren einheitliche Standards für den ______________. Das Bio-Siegel steht somit für eine ______________ Produktion und ______________ Tierhaltung.

Der Hauptgedanke der ökologischen Landwirtschaft ist ein Wirtschaften im Einklang mit der Natur. Der landwirtschaftliche Betrieb wird dabei vor allem als Organismus mit den Bestandteilen Mensch, Tier, Pflanze und Boden gesehen. Die ökologischen Landbaumethoden streben an:

- Einen möglichst geschlossenen betrieblichen Nährstoffkreislauf zu gewährleisten (______________________________________________________________ _____)
- die _______________________ zu erhalten und mehren und
- Tiere besonders ______________ zu halten.

Rechtsgrundlage des Bio-Siegels ist das Öko-Kennzeichengesetz. Es nimmt Bezug auf die Anforderungen der EG-Öko-Basisverordnung und sieht bei Missbrauch des Bio-Siegels ____________________________ bis zu einem Jahr vor. Einzelheiten in Bezug auf die Gestaltung und Verwendung des Bio-Siegels sind in der Öko-Kennzeichenverordnung geregelt.
Immer mehr Menschen greifen bewusst zu Produkten des ökologischen Landbaus, weil sie sich für _________________________________ Produkte, eine ___________ Ernährung sowie den _____________________________________________haben.

zit. n.: www.oekolandbau.de („Auf einen Blick“)

*http://www.oekolandbau.de/journalisten/bildservice/

*...Das Geschäft mit den „Bio-Produkten"...*

## Öko-Lebensmittel

## Bio boomt - und das Ausland verdient

Der Biomarkt wächst und wächst - immer mehr Deutsche kaufen Öko-Lebensmittel. Die Bauern merken davon allerdings wenig. Denn das Geschäft wird immer öfter im Ausland gemacht.

Berlin – Zwei Tage noch, dann treffen sich in Berlin alle, die mit Landwirtschaft Geld verdienen.

Auf der Grünen Woche tummeln sich auch die Öko-Bauern. Und die müssten eigentlich mit einem besonders breiten Grinsen durch die Messehallen laufen. Denn heute gab die Zentrale Markt- und Preisberichtsstelle bekannt, dass sich der Umsatz mit Biolebensmittel in Deutschland auf ein Volumen von fünf Milliarden Euro gesteigert habe – ein Plus von 15 Prozent, verglichen mit dem Vorjahr.

Grotesk jedoch: Die eigentlichen Profiteure des Biobooms sitzen schon lange nicht mehr in Oberbayern oder im Münsterland. Das große Geschäft wird längst im Ausland gemacht. Die Branche ist Opfer ihres eigenen Erfolges geworden. Weil die Ökoprodukte den Händlern förmlich aus den Händen gerissen werden, herrscht in Deutschland ein Mangel – und Produzenten aus dem Ausland springen ein. Seit auch Discounter wie Lidl und Plus mit Bioware locken, ist der Absatz von Bioprodukten deutlich angestiegen. "Die gestiegene Nachfrage wird vor allem mit ausländischer Ware befriedigt", sagt Gerd Sonnleitner, Präsident des Deutschen Bauernverbandes.

Das sei grundsätzlich auch sinnvoll, meint Felix Prinz zu Löwenstein, der Vorsitzende des Fachverbands Bund Ökologische Lebensmittelwirtschaft (BÖLW). Tropenfrüchte würden in Deutschland nicht wachsen. Daher ginge es nicht anders, als sie aus dem Ausland zu importieren. Geht es jedoch um die Obst- und Gemüsesorten, die auch hierzulande gedeihen, wird Löwenstein unwirsch. Sie zu importieren, sei nicht nur ökologisch unsinnig. "Das ist eine verpasste Chance für den deutschen Markt", klagt der Verbandsvorsitzende.

Auch Thomas Dosch, der Vorsitzende des Herstellerverbands Bioland, kritisiert, die Schere zwischen dem boomendem Biomarkt und dem Mangel an deutschen Produkten öffne sich immer weiter. Noch deutlicher wird der Bauernpräsident selbst: Im Ausland unterlägen die Produkte oft nicht so hohen Standards wie in Deutschland, sagt Gerd Sonnleitner. Und kommt zu dem Schluss: Bio ist nicht gleich Bio.

zit. n.: 16. Januar 2008: http://www.spiegel.de/wirtschaft/0,1518,529008,00.html

### Bionade-Chef entschuldigt sich für "Raffgier"

Die drastische Preiserhöhung von 30 Prozent hat die Bionade viele Sympathien gekostet. Nun spricht der Chef des Unternehmens Klartext: Er macht den Mehrheitsgesellschafter für den Fauxpas verantwortlich – und entschuldigt sich für die "Raffgier"

zit. n.: 29.August 2009: URL: http://www.welt.de/wirtschaft/article4423511/Bionade-Chef-entschuldigt-sich-fuer-Raffgier.html

### Übernahme

### Radeberger kauft Bionade-Mehrheit

Der Verkauf war geplant, der Käufer überrascht: Die zum Oetker-Konzern gehörende Radeberger-Gruppe übernimmt mehr als 51 Prozent des Biobrauseherstellers Bionade. Eingefädelt hat den Deal Konzernchef August Oetker selbst.

zit. n.: 1. Oktober 2009

http://www.spiegel.de/wirtschaft/unternehmen/0,1518,652689,00.html

**M 10 Lauftext**

*Auf einen Blick:*

*Informationen zum Bio-Siegel*

Eine Vielzahl unterschiedlicher Öko-Kennzeichen machte es noch vor wenigen Jahren den Verbrauchern schwer, den Überblick zu behalten. Darum wurde 2001 das staatliche Bio-Siegel ins Leben gerufen. Bioprodukte sind dank des Bio-Siegels heute auf einen Blick zu erkennen. Mit dem Bio- Siegel können Produkte und Lebensmittel gekennzeichnet werden, die nach den EG-Rechtsvorschriften für den ökologischen Landbau produziert und kontrolliert wurden. Diese EU-weit gültigen Rechtsvorschriften garantieren einheitliche Standards für den ökologischen Landbau. Das Bio-Siegel steht somit für eine ökologische Produktion und artgerechte Tierhaltung.
Der Hauptgedanke der ökologischen Landwirtschaft ist ein Wirtschaften im Einklang mit der Natur. Der landwirtschaftliche Betrieb wird dabei vor allem als Organismus mit den Bestandteilen Mensch, Tier, Pflanze und Boden gesehen. Die ökologischen Landbaumethoden streben an:

- Einen möglichst geschlossenen betrieblichen Nährstoffkreislauf zu gewährleisten (Futter- und Nährstoffgrundlage soll der eigene Betrieb sein),
- die Bodenfruchtbarkeit zu erhalten und mehren und
- Tiere besonders artgerecht zu halten.

Rechtsgrundlage des Bio-Siegels ist das Öko-Kennzeichengesetz. Es nimmt Bezug auf die Anforderungen der EG-Öko-Basisverordnung und sieht bei Missbrauch des Bio-Siegels Geldbußen und Freiheitsstrafen bis zu einem Jahr vor. Einzelheiten in Bezug auf die Gestaltung und Verwendung des Bio-Siegels sind in der Öko-Kennzeichenverordnung geregelt.
Immer mehr Menschen greifen bewusst zu Produkten des ökologischen Landbaus, weil sie sich für qualitativ hochwertige Produkte, eine gesunde Ernährung sowie den Schutz von Tieren und Umwelt entschieden haben.

zit. n.: www.oekolandbau.de („Auf einen Blick")

*http://www.oekolandbau.de/journalisten/bildservice/

**M 11 K-Bio Werbung**

**Quelle:** http://www.kaufland.de/Home/02_Sortiment/002_K_Bio/index.jsp

Wo die Natur sich friedlich ihren Weg sucht, zerstört der Mensch auf allen Wegen.
Herrlich, diese klare Unterwasserwelt!
Pfui!

## NATUR

Wenn wir an Natur denken,
denken wir an Romantik
wir träumen
von Sonnenschein und Regen,
von Bäumen und Blumen,
von Bergen und Seen,
von Mond und Erde

Bei Sonnenuntergängen denken wir an Liebe,
bei Dunkelheit denken wir an die Zukunft,
bei Schnee denken wir an heiße Schokolade,
bei Regen denken wir an eine warme Dusche,
bei Wind fühlen wir uns wohl.

*Bei Sonnenuntergängen denken wir an Dunkelheit.*
*Bei Dunkelheit haben wir Angst.*
*Bei Schnee denken wir an Kälte.*
*Bei Regen denken wir an Grippe.*
*Bei Wind machen wir uns Sorgen.*

Im Frühling träumen wir von Blumenduft,
im Sommer träumen wir von Urlaub,
im Herbst träumen wir von bunten Blättern,
im Winter sind wir in Weihnachtsstimmung.

*Im Winter fürchten wir uns vor Schneestürmen.*
*Im Frühling fürchten wir uns vor Allergien.*
*Im Sommer fürchten wir uns vor Hitze.*
*Im Herbst flüchten wir vor der tristen Atmosphäre.*

Die Natur beeinflusst den Menschen

Sophie Först und Gülperi Tavaslioglu

BIO
nach
EG-Öko-Verordnung
www.eco-best-invest.com
Timo B. ; Johannes P.

Mensch & Natur

Laura Refing

Widersprüche Mensch & Ironie Natur

menschlich
animalisch

„Der Mensch ist das bösartigste Tier"
Religion
Naturwissenschaften

Erhaltung
Zerstörung

Natur
Zivilisation
Wildnis

Moral
Naturgesetze

Knechtschaft
Gegenseitige Hilfe

Genmanipulation
natürlich

**Zitate zur Collage**
**(im Original auf der Rückseite)**

„Eine Maus würde niemals auf die Idee kommen,
eine Mausefalle zu bauen,
aber der Mensch baut (Atom)Bomben."

„Tiere Handeln und töten aus Instinkt
und um zu überleben.
Der Mensch jedoch aus niederen
Beweggründen wie Rache.
Also wären uns Tiere moralisch
überlegen und doch unterwerfen
wir sie."

„Tiere sind die besseren Menschen"

„Gute Menschen werden immer Gutes tun.
und böse Menschen immer Böses.
Aber es bedarf schon der Religion,
dass gute Menschen Böses tun."